全国高职高专院校"十二五"规划教材（加工制造类）

互换性与技术测量

主　编　石品德　石　瑛

副主编　杨晓伟　郭汉桥

中国水利水电出版社
www.waterpub.com.cn

内 容 提 要

本书坚持科学性与实用性相结合，直观性与可操作性相统一的基本原则，让读者感觉舒心、用后受益，更好地为高级技能型人才培养服务。

本书主要内容包括：绪论，孔和轴的极限与配合，技术测量基础，形状和位置公差，表面粗糙度与检测，滚动轴承、键和花键、螺纹的互换性，渐开线圆柱齿轮传动的互换性，圆锥结合的互换性与检测，尺寸链。

本书侧重于基本概念的讲述和标准的应用，内容简明扼要，理论联系实际，且各章均配有实践与思考题，还有解题需要的工程表格，为教学与自学者的使用提供方便。本书符合高职高专的教学特点与实际，突出技能型人才培养特征要求，可作为高职高专工科教学或企业工程技术人员用书。

图书在版编目（CIP）数据

互换性与技术测量 / 石品德，石瑛主编. -- 北京：中国水利水电出版社，2015.7
全国高职高专院校"十二五"规划教材. 加工制造类
ISBN 978-7-5170-3316-5

Ⅰ．①互… Ⅱ．①石… ②石… Ⅲ．①零部件－互换性－高等职业教育－教材②零部件－技术测量－高等职业教育－教材 Ⅳ．①TG801

中国版本图书馆CIP数据核字(2015)第140781号

策划编辑：石永峰　　责任编辑：杨元泓　　加工编辑：滕　飞　　封面设计：李　佳

书　　名	全国高职高专院校"十二五"规划教材（加工制造类） **互换性与技术测量**
作　　者	主　编　石品德　石　瑛 副主编　杨晓伟　郭汉桥
出版发行	中国水利水电出版社 （北京市海淀区玉渊潭南路 1 号 D 座　100038） 网址：www.waterpub.com.cn E-mail：mchannel@263.net（万水） 　　　　　sales@waterpub.com.cn 电话：（010）68367658（发行部）、82562819（万水）
经　　售	北京科水图书销售中心（零售） 电话：（010）88383994、63202643、68545874 全国各地新华书店和相关出版物销售网点
排　　版	北京万水电子信息有限公司
印　　刷	三河市鑫金马印装有限公司
规　　格	184mm×260mm　　16 开本　　11.75 印张　　296 千字
版　　次	2015 年 11 月第 1 版　　2015 年 11 月第 1 次印刷
印　　数	0001—3000 册
定　　价	22.00 元

前　　言

　　互换性与测量技术已渗透到零部件制造与检测、专业化生产组织协作、产品装配与测试验收、产品售后服务与使用等全部生产活动中。现代化大生产是在互换性与技术测量技术的推动下发展起来的，没有互换性与技术测量技术就没有现代化大生产，同时现代化大生产又丰富、促进、完善与创新了互换性与技术测量技术。互换性与技术测量技术课程的教学与教学研究必须适应和跟踪现代化大生产的需要与发展，务实服务于现代化大生产是教学与教学研究的出发点与归宿。

　　互换性与技术测量课程是联系设计系列课程和工艺系列课程的纽带，是架设在技术基础课、实践实训课和专业技术课之间的桥梁，也是现代制造中不可或缺的生产原则和有效技术手段。互换性与技术测量课程已经成为高职高专工科院校机械类和近机械类各专业必修的主干技术课程。它不仅将标准化领域的有关部分内容结合在一起，还融合了机械设计、机械制造、质量控制、生产技术组织与管理等诸多信息内容。其内容主要是标准化和工程计量学技术有关部分的有机结合。

　　根据高职高专的教育特色和课程教学的基本要求，本课程主要研究如何以公差配合、技术检测、标准落实来保证实现互换性生产。本教材共分 9 章，主要围绕公差配合与技术测量（测量仪器与工具及其使用）两大方面展开，采用最新的国家标准，运用各校教学改革的成果，结合编者多年的教学实践经验和教学心得，并参考许多同类教材编写而成。同时较详细地讲述了各种测量方法和测量器具，给出大量的技术应用实例，使理论教学与实践教学紧密地结合在一起；力求语言简练，条理清楚；为配合教学工作，各章均设置了适量的实践与思考题，有利于"工学结合型"的学习，教师可根据实际情况进行教学与实践内容的取舍。《互换性与技术测量》教材适用面广，不仅仅适用于高职高专的教学需要，也适用于企业工程技术人员和关注互换性与技术测量工作的人士学习与参考。

　　本书由清远职业技术学院石品德和上海中侨职业技术学院石瑛担任主编，清运职业技术学院杨晓伟、郭汉桥担任副主编。在本书编写过程中，很多老师提出了许多宝贵的意见和建议，并得到了中国水利水电出版社万水分社相关领导和编辑的大力支持，在此表示感谢。另外在编写过程中，还引用了大量的国标和技术文件等资料，文中未能一一标注出处，在此对这些资料的作者或单位表示衷心地感谢。

　　由于编者水平、时间有限，书中难免存在疏漏、错误和不足、不当之处，恳请广大读者批评指正。

编　者
2015 年 2 月

目　　录

第1章 绪论

1.1 概述

1.1.1 互换性的概念

机械产品不论如何复杂，都是由一些通用与标准零部件和专用零部件组成的，这些通用、标准零部件可以由不同的专业化厂家来制造与提供，而产品生产厂家只需生产专用零部件，这样既可以大大减少生产费用，又可以缩短生产周期，满足用户与市场的需要。

在我们日常生活中，有大量的现象涉及到互换性，例如机器或仪器上掉了一个螺钉，按相同的规格换一个就行了；灯泡坏了，同样换个新的就行了；数控机床、汽车、拖拉机乃至自行车、缝纫机、手表、洗衣机、电视机、热水器中某个机件磨损了，换上一个相同型号的便能满足使用要求。不需要考虑生产厂家，因为这些产品都是按互相性原则组织生产的，产品零件都具有相互替换的特性。

现代工业是按专业化大协作组织生产的，即用分散加工、集中装配的方法来保证产品质量，提高生产率和降低成本。如一台小轿车由上万个零部件组成，这些零部件分别由几百家专业工厂按照技术要求成批加工生产，而生产汽车的总公司仅生产发动机和车身，并把加工出的合格零件装配在一起，组成一辆完整的、符合使用性能要求的轿车。这种由不同专业工厂、不同设备条件、不同人员生产的零部件，可不经选择、修配和调整就能装配成合格的产品，称为具有互换性的零部件。

零件的互换性是指在同一规格的一批零部件中，可以不经选择、修配或调整，任取一件装配在机器或部件上，装配后能满足设计、使用和生产上的要求，零部件具有的这种性能称为互换性。

互换性是现代机械工业生产上不可缺少的生产原则和有效的技术措施。现代制造业已由传统的生产方式发展到利用数控技术（NC、CNC）、计算机辅助设计（CAD）、计算机辅助制造（CAM）、计算机辅助制造工艺（CAPP）、柔性制造系统（FMS）、计算机集成制造系统（CIMS）等进行现代化生产。互换性利用这些先进制造技术组织生产的基本条件，按照互换性原则进行生产，有利于广泛的组织协作，进行高效率的专业化生产，从而便于组织流水作业和自动化生产，简化零部件的设计、制造和装配过程，缩短生产周期，提高劳动生产率，降低成本，保证产品质量，便于使用维修。

1.1.2 互换性在机械制造中的作用

互换性在提高产品质量和可靠性、提高经济效益等方面有着重大的意义，互换性原则已成为现代机械制造业中一个普遍遵守的原则，成为制造业可持续发展的重要技术基础。互换性原则是用来发展现代化机械工业、提高生产率、保证产品质量、降低成本的重要技术经济原则，是工业发展的必然趋势。互换性原则的普及和深化对我国现代化建设具有重大意义。特别是在机械行业中，遵循互换性原则，不仅能大大提高劳动生产率，而且能促进技术进步，显著提高经济效益和社会效益。其主要表现有以下几方面。

（1）产品设计方面。零件具有互换性，就可以最大限度地利用标准件、通用件和标准部件，采用计算机进行辅助设计，减少计算工作量、简化制图，缩短设计周期，对于发展系列产品，改善与创新产品性能都有重大作用。

（2）产品加工制造方面。同一台设备的各个零部件可以分散在多个厂家同时加工，合理地进行生产分工和专业化协作。每个工厂由于产品单一，批量较大，采用高效率的专用设备制造，容易实现高质、高产、低耗，生产周期也会显著缩短。使用计算机辅助制造（CAM）的产品，不仅产量和质量高，且加工灵活性大，生产周期缩短，生产成本低，还提高劳动生产率。

（3）产品装配时，由于产品的零部件具有互换性，容易实现流水作业或自动化装配，使装配、调试、检验顺利，缩短装配周期，提高装配作业质量。

（4）产品使用维修方面。互换性可以使磨损或损坏的零件得到及时更换，减少机器的维修时间和费用，保证机器正常运转，从而提高机器的寿命和使用价值。

综上所述，互换性原则为产品设计、制造、维护、使用以及组织管理等各个领域带来巨大的经济效益和社会效益，技术进步、生产水平提高反过来又促进了互换性原则向广度和深度方向进一步发展。

1.1.3　互换性的分类

1. 按互换程度

通常将互换性按互换的程度分为完全互换性和不完全互换性两种。

（1）完全互换性。完全互换性是零部件在装配或更换时不经挑选、调整或修配，装配后能够满足预定的使用性能，这样的零部件就具有完全互换性，如标准件螺钉、螺母、滚动轴承、齿轮等。

（2）不完全互换性。当装配精度要求很高时，若采用完全互换将使零件的尺寸公差很小，加工困难，成本很高，甚至无法加工。为了便于加工，这时可将其制造公差适当放大，在完工后，再用量仪将零件按实际尺寸分组，按组进行装配。这样既保证装配精度与使用要求，又降低成本。此时，仅是组内零件可以互换，组与组之间不可互换，称为不完全互换。不完全互换性是零（部）件在装配或更换时，允许有附加选择或附加调整，但不允许修配，装配后能够满足预定的使用性能，这样的零（部）件具有不完全互换性。

2. 按决定参数或使用要求

互换性按照决定参数或使用要求可分为几何参数互换性和功能互换性两种。

（1）几何参数互换性。几何参数互换性是指规定几何参数（包括尺寸大小、几何形状及相互位置关系）的极限，来保证产品的几何参数近似达到的互换性，又称为狭义互换性，本书所讲的就是几何参数的互换性。

（2）功能互换性。功能互换性是指规定功能参数的极限所达到的互换性。功能参数不仅包括几何参数，还包括其他一些参数，如物理、化学等参数，又称为广义互换性。

生产中究竟采用何种互换性方式，由产品精度、产品的复杂程度、生产规模、设备条件以及技术水平等一系列因素决定。一般大量和批量生产采用完全互换法生产；精度要求很高，常采用分组装配，即不完全互换法生产。

1.2 误差和公差

1.2.1 误差

为了满足互换性的要求，最理想的方法是采用同规格的零部件，其几何参数都要做得完全一致，这在实际中是不可能的，也是不必要的。零部件在加工过程中，由于种种因素的影响，不可能把工件做得绝对准确，不可能把同一批次的零件做得完全一致，零部件的几何参数总是不可避免地会产生误差，这样的误差称为几何量误差。加工后零件的实际几何参数值与理论几何参数值存在一定的误差，这种误差称为加工误差，加工误差可分为下列几种（如图 1-1 所示）。

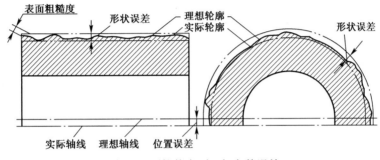

图 1-1 圆柱体表面几何参数误差

（1）尺寸误差。指一批工件的尺寸变动，即加工后零件的实际尺寸和理想尺寸之差，如直径误差、孔距误差等。

（2）形状误差。指加工后零件的实际表面形状对于其理想形状的差异（或偏离程度），如圆度、直线度等。

（3）位置误差。指加工后零件的表面、轴线或对称平面之间的相互位置对于其理想位置的差异（或偏离程度），如同轴度、位置度等。

（4）表面粗糙度。指零件加工表面上具有的较小间距和峰谷所形成的微观几何形状误差。

1.2.2 公差

尽管几何量误差可能会影响零部件的互换性，但实践证明，只要将这些误差控制在一定范围内，即将同规格零部件实际几何参数的变动限制在一定范围内，就能保证它们的互换性。公差是指允许尺寸、几何形状和相互位置误差变动的范围，用公差来限制加工误差。零部件的误差在公差范围内，为合格件；超出公差范围，为不合格件。公差是允许实际几何参数的最大变动量，即允许的最大误差。公差是由设计人员制定的。选定公差的原则是在保证满足产品使用性能的前提下，给出尽可能大的公差。在满足功能要求的前提下，公差应尽可能定得大些，以方便制造和获得最佳的技术经济效益。公差越小，加工越困难，生产成本越高。所以公差值不能为零，应是绝对值。

规定公差值的大小顺序应为

$$T_{尺寸} > T_{位置} > T_{形状} > 表面粗糙度误差$$

1.3　互换性与标准化

1.3.1　标准与标准化

1. 标准

标准为在一定的范围内获得最佳秩序，对活动或其结果规定共同和重复使用的规则、导则或特性的文件。该文件经协商一致制定并经一个公认机构的批准。标准应以科学、技术和经验的综合成果为基础，以促进最佳社会效益为目的。

标准一般是指技术标准，它是指对产品和工程的技术质量、规格及其检验方法等方面所作的技术规定，是从事生产、建设工作的一种共同技术依据。

标准分为国家标准、行业标准、地方标准和企业标准。

标准中的基础标准则是指生产技术活动中最基本的、具有广泛指导意义的标准。这类标准具有最一般的共性，因而是通用性最广的标准。例如，极限与配合标准、形位公差标准、表面粗糙度标准等。

2. 标准化

标准化是指在经济、技术、科学及管理等社会实践中，对重复性事物和概念通过制定、发布和实施标准，达到统一，以获得最佳秩序和社会效益的全部活动过程。

在机械制造中，标准化是实现互换性生产、组织专业化生产的前提条件；是提高产品质量、降低产品成本和提高产品竞争能力的重要保证；是消除贸易障碍、促进国际技术交流和贸易发展、使产品打进国际市场的必要条件。随着经济建设和科学技术的发展，国际贸易的扩大，标准化的作用和重要性越来越受到各个国家特别是工业发达国家的高度重视。

总之，标准化在实现经济全球化和信息社会化方面有着深远的意义。

1.3.2　优先数系与优先数

产品设计和制定技术标准涉及到很多技术参数，在组织生产的各个环节中，这些技术参数不是孤立的，当选定一个数值作为某种产品的技术参数时，这个数值就会按一定规律向一切相关的材料、产品等有关参数指标扩散。例如螺栓的直径确定后，不仅会传播到螺母的内径上，也会传播到加工这些螺纹的刀具上，以及检测这些螺纹的量具及装配它们的工具上。在生产中有很多技术参数的传播，既可能是发生在相同量值之间，也可能发生在不同量值之间。因此工程技术的参数即使只有微小的差别，经过多次传播后也会造成尺寸规格的杂乱。

工程技术参数如果随意选取，势必给组织生产、协调配套和设备维修带来很大的困难。为了保证互换性，必须合理地选定零件的公差。通过对零件技术参数合理分挡、分级，对零件技术参数极限简化、协调统一，必须遵循科学、统一的数值标准，即优先数系和优先数。优先数系和优先数是公差数值标准化的基础，优先数系中的任一个数值均称为优先数。

优先数系是国际上统一的数值分级制度，是一种无量纲的分级数系，适用于各种量值的分级。在确定产品的参数或参数系列时，应最大限度地采用优先数和优先数系。产品（或零件）的主要参数（或主要尺寸）按优先数形成系列，可使产品（或零件）系列化，便于分析参数间的关系，可减轻设计计算的工作量。

优先数系由一些十进制等比数列构成，其代号为 Rr（R 是优先数系创始人 ReneFd 的第一个字母，r 代表 5、10、20、40 等项数）。等比数列的公比为 $q_r = \sqrt[r]{10}$，其含义是在同一个等比数列中，每隔 r 项的后项与前项的比值增大为 10。如 R5：设首项为 a，其依次各项为 $aq5$、$a(q5)^2$、$a(q5)^3$、$a(q5)^4$、$a(q5)^5$，$a(q5)^5/a=10$，故 $q5 = \sqrt[5]{10} \approx 1.6$。目前 ISO 优先数系的公比 $q10 = \sqrt[10]{10} \approx 1.25$，$q20 = \sqrt[20]{10} \approx 1.12$、$q40 = \sqrt[40]{10} \approx 1.06$，以及补充系列的公比 $q80 = \sqrt[80]{10} \approx 1.03$，优先数系的基本系列如表 1-1 所示。

表 1-1　优先数系的基本系列（摘自 GB321-80）

R5	R10	R20	R40	R5	R10	R20	R40	R5	R10	R20	R40
1.00	1.00	1.00	1.00	2.50	2.50	2.24	2.24		5.00	5.00	5.00
		1.12	1.06			2.50	2.36			5.60	5.30
			1.12				2.50	6.30			5.60
	1.25	1.25	1.18			2.80	2.65		6.30	6.30	6.00
			1.25		3.15		2.80				6.30
		1.40	1.32			3.15	3.00			7.10	6.70
			1.40				3.15				7.10
	1.60	1.60	1.50			3.55	3.35		8.00	8.00	7.50
1.60			1.60	4.00	4.00		3.55				8.00
		1.80	1.70			4.00	3.75			9.00	8.50
			1.80				4.00	10.00			9.00
	2.00	2.00	1.90			4.50	4.25		10.00	10.00	9.50
			2.00				4.50				10.00
			2.12				4.75				

优先数的理论值一般都是无理值，实际应用时有困难，将计算作圆整保留三位有效数称为常用值，即优先数中优先的含义。优先数的化整对计算值的相对误差较大，一般不宜采用，在产品设计时，对主要尺寸和参数必须采用优先数。通常机械产品的主要参数按 R5 和 R10 系列，专用工具的主要尺寸按 R10 系列，通用零件、工具及通用型材的尺寸等按 R20 系列。

1.3.3　计量工作与发展

从 1955 年至今，我国计量工作从无到有迅速发展，国家相继颁布了一系列有关度、量、衡的条例和命令，保证了我国计量制度的统一和量值传递的准确可靠，促进了企业计量管理和产品质量水平的不断提高。

尤其是改革开放以来，计量测试仪器的制造工业已有很大的进步和发展，其产品不仅满足国内工业发展的需要，而且还出口到国际市场。我国已能生产机电一体化测试仪器产品，如激光丝杆动态检查仪、光栅式齿轮全误差测量仪、三坐标测量机、激光光电比较仪等一批达到或接近世界先进水平的精密测量仪器。

1.4 本课程的研究对象、任务与要求

1.4.1 研究对象

互换性与测量技术是机械工程一级学科的一门主干技术基础课，它将机械设计和制造工艺系列课程紧密地联系起来，是架设在技术基础课、专业课和实践教学课之间的桥梁。机械设计过程从总体设计到零件设计，研究机构运动学问题，即完成对机器的功能、结构、形状、尺寸的设计过程。为了保证零部件的加工到装配成机器，实现要求的功能和正常运转，还必须对零部件和机器进行精度设计。这是因为机器的精度直接影响到机器的工作性能、振动、噪声和使用寿命，而且科技越发达，机械工业生产规模越大，协作生产越广泛，对机械精度要求越高，对互换性的要求也越高。本课程的研究对象就是如何进行几何参数的精度设计，即如何利用有关的国家标准，合理解决机器使用要求与制造工艺之间的矛盾，以及如何应用质量控制方法和测量技术，保证国际标准的贯彻执行，以确保产品质量。精度设计是从事产品设计、制造、测量等工程技术工作人员必须具备的能力。

1.4.2 任务

本课程的任务是：通过讲课、实验、作业等教学环节，了解互换性与标准化的重要性；熟悉极限与配合的基本概念；掌握极限配合标准的主要内容；初步掌握确定公差的原则和方法；了解技术测量的工具和方法；初具选择和操作计量器具的技能。初步建立测量误差的概念，会分析测量误差与处理测量数据。建立尺寸链的概念并了解其计算方法，为正确地理解和绘制设计图样及正确地表达设计思想打下基础。

1.4.3 基本要求

学习本课程是为了使机械工程技术人员获得必备的公差配合与检测方面的基本知识、基本技能。随着后续课程的学习和实践知识的丰富，将会加深对本课程内容的理解，学习本课程后应该达到下列要求。

（1）掌握机械零件几何精度、互换性与标准化等基本概念。

（2）了解本课程所介绍的各个公差标准和基本内容。

（3）正确理解图样上所标注的各种公差配合代号的技术含义；掌握公差配合、形位公差和表面粗糙度的国家标准。

（4）初步学会根据机器和零部件的功能要求，选用合适的公差与配合，并能正确地标注到图样上。

（5）掌握测量技术的基本知识；熟悉常用量具和量仪的基本结构、工作原理、各部分作用及调整使用知识；熟悉多种精密量仪的结构、原理和各组成部分的作用。

（6）正确、熟练地选择和使用生产现场的量具、量仪，对零部件的几何量进行准确检测并综合处理检测数据。

（7）熟悉常用典型结合的公差配合和检测方法。

实践与思考

1．简述互换性的概念与互换性在机械制造中的作用。
2．简述生产中常用的几种互换性及采用不完全互换的条件和意义。
3．简述加工误差、公差、互换性三者的关系。
4．简述优先数和优先数系的基本内容。
5．什么是标准化？标准化与互换性有什么关系？
6．学习本课程后应该达哪些要求？

第2章 孔和轴的极限与配合

2.1 概述

为了使零件具有互换性，必须保证零件的线性尺寸、几何形状和相互位置关系的尺寸，以及表面特征技术要求的一致性。互换性要求尺寸的一致性，但并不是要求零件都准确地制成一个指定的尺寸，而只是要求尺寸在某一合理的范围内；对于相互结合的零件，这个范围既要保证相互结合的尺寸之间形成一定的关系，以满足不同的使用要求，又要在制造上是经济合理的，这样就形成了"极限与配合"的概念。由此可见，"极限"用于协调机器零件使用要求与制造经济性之间的矛盾，"配合"则是反映零件组合时相互之间的关系。

标准化的极限与配合制，有利于机器的设计、制造、使用与维修，有利于保证产品精度、使用性能和寿命等，也有利于刀具、量具、夹具和机床等工艺装备的标准化。

自1979年以来，我国参照国际标准（ISO），并结合我国的实际生产情况，颁布了一系列国家标准。1994年以后，又进行了进一步的修订，新修订的"极限与配合"标准由以下几个标准组成：GB/T 1800.1—1997《极限与配合 基础 第1部分：词汇》；GB/T 1800.2—1998《极限与配合 基础 第2部分：公差、偏差和配合的基本规定》；GB/T 1800.3—1998《极限与配合 基础 第3部分：标准公差和基本偏差数值表》；GB/T 1800.4—1999《极限与配合 标准公差等级和孔、轴的极限偏差表》；GB/T 1801—1999《极限与配合 公差带和配合的选择》；GB/T 1803—2003《公差与配合 尺寸至18mm孔、轴公差带》；GB/T 1804—2000《一般公差 未注出公差的线性和角度尺寸的公差》。

本章主要介绍国家标准《极限与配合》中规定的基本概念、主要内容及其应用。

2.2 极限与配合的基本术语及定义

术语和定义是极限与配合标准的基础，也是从事机械类各专业工作人员的技术语言。为了正确理解及应用标准，首先必须掌握极限与配合的基本术语和定义。在极限与配合中的孔和轴都具有广义性。

2.2.1 有关孔和轴的定义

孔：主要是指工件的圆柱形内表面，也包括非圆柱形内表面（由两平行平面或切面形成的包容面），即凹进去的包容面。

轴：主要是指工件的圆柱形外表面，也包括非圆柱形外表面（由两平行平面或切面形成的被包容面），即凸出来的被包容面。

在极限与配合中，孔和轴都是由单一尺寸确定的，如图2-1所示。孔、轴的特点是：装配后孔为包容面，而轴为被包容面；加工时随着余量的切除，孔的尺寸由小变大，而轴的尺寸则由大变小。

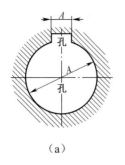 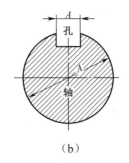 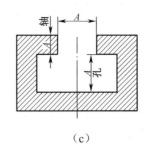

　　（a）　　　　　　　　　　（b）　　　　　　　　　　（c）

图 2-1　孔和轴的定义示意

2.2.2　有关尺寸的术语及定义

1. 尺寸

用特定的单位表示长度值的数字称为尺寸。从尺寸的定义可知，尺寸是指长度的值，它由数字和特定单位两部分组成，例如 100dm、50cm、20mm 等。

长度值是较广泛的概念，其实质是线性的两点间的距离，它包括直径、半径、宽度、深度、高度和中心距等。国家标准规定，在机械制图中，图样上尺寸通常以毫米（mm）为单位，标注时可将单位省略，仅标注数字。

2. 基本尺寸（D，d）

设计时给定的图纸上标注的尺寸称为基本尺寸。孔用 D 表示，轴用 d 表示。通过它利用上、下偏差可计算出极限尺寸。基本尺寸是设计人员根据使用性能的要求，通过对强度、刚度的计算及结构方面的考虑，或通过试验、类比并按照标准直径或标准长度圆整后确定的尺寸。这样可以减少定值刀具、量具等的规格数量，便于应用。

3. 实际尺寸（D_a，d_a）

通过测量得到的尺寸称为实际尺寸。孔用 D_a 表示，轴用 d_a 表示。由于测量时不可避免地存在测量误差，所以实际尺寸并非是被测量尺寸的真值，从理论上讲，尺寸的真值是难以得到的，但是随着测量精度的提高，实际尺寸会越来越接近其真值。

4. 局部实际尺寸

轴或孔任意横截面两点间的距离称为局部实际尺寸。由于测量误差及零件表面形状误差等因素的影响，同一表面不同位置的实际尺寸也不尽相同。

5. 极限尺寸（D_{max}，D_{min}，d_{max}，d_{min}）

允许尺寸变化的两个界限值称为极限尺寸。较大的称为最大极限尺寸，孔和轴的最大极限尺寸分别用 D_{max} 和 d_{max} 表示；较小的称为最小极限尺寸，孔和轴的最小极限尺寸分别用 D_{min} 和 d_{min} 表示，如图 2-2 所示。

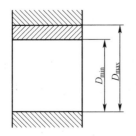 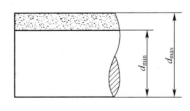

图 2-2　极限尺寸

极限尺寸是用来控制实际尺寸的，极限尺寸实际上设计时就已经给定。如果不考虑其他因素，合格零件的实际尺寸应符合下列公式

$$D_{\max}(d_{\max}) \geqslant D_a(d_a) \geqslant D_{\min}(d_{\min}) \tag{2-1}$$

否则零件尺寸不合格。

6. 最大实体尺寸（MMS）

孔或轴在允许的最大实体状态下即占有材料最多时的极限尺寸称为最大实体尺寸。孔用 D_M 表示，轴用 d_M 表示。

孔的最大实体尺寸是孔的最小极限尺寸，即 $D_M = D_{\min}$；

轴的最大实体尺寸是轴的最大极限尺寸，即 $d_M = d_{\max}$。

7. 最小实体尺寸（LMS）

孔或轴在允许的最小实体状态下即占有材料最少时的极限尺寸称为最小实体尺寸。孔用 D_L 表示，轴用 d_L 表示。

孔的最小实体尺寸是孔的最大极限尺寸，即 $D_L = D_{\max}$；

轴的最小实体尺寸是轴的最小极限尺寸，即 $d_L = d_{\min}$。

2.2.3 有关偏差、尺寸公差、公差带的术语及定义

1. 偏差

某一尺寸减其基本尺寸所得的代数差称为偏差。某一尺寸指的是实际尺寸或极限尺寸，它可能比基本尺寸大，也可能比基本尺寸小或者与基本尺寸相等，因此偏差值可正、可负，还可以为零。偏差除零外，无论在书写或计算时必须在数值前标注"+"号或"-"号，例如 $\phi 50.01 - \phi 50 = +0.01$（+0.01 为偏差）。

（1）实际偏差。实际尺寸减其基本尺寸所得的代数差称为实际偏差。即

$$\Delta_a = D_a - D \qquad \delta_a = d_a - d$$

Δ_a 表示孔的实际偏差，δ_a 表示轴的实际偏差。

（2）极限偏差。极限尺寸减其基本尺寸所得的代数差称为极限偏差。极限偏差可以分为上偏差和下偏差，而且上偏差总是大于下偏差。

最大极限尺寸减其基本尺寸所得的代数差称为上偏差。孔的上偏差用 ES 表示；轴的上偏差用 es 表示。

最小极限尺寸减其基本尺寸所得的代数差称为下偏差。孔的下偏差用 EI 表示；轴的下偏差用 ei 表示。

孔、轴的上偏差表达式为

$$ES = D_{\max} - D \qquad\qquad es = d_{\max} - d \tag{2-2}$$

孔、轴的下偏差表达式为

$$EI = D_{\min} - D \qquad\qquad ei = d_{\min} - d \tag{2-3}$$

极限偏差是用来控制实际偏差的，在实际生产中，极限偏差应用比较广泛。一般在图样上要标注基本尺寸和极限偏差。上偏差标注在基本尺寸的右上角，下偏差标注在右下角，标注形式如下：

$$\phi 20^{+0.028}_{+0.007} \qquad \phi 20^{-0.020}_{-0.041} \qquad \phi 20^{0}_{-0.021} \qquad \phi 20 \pm 0.02$$

2. 尺寸公差（简称公差 T）

允许尺寸变动的量或变动的范围称为公差。由于加工时不可避免地存在加工误差，所以

公差不能为零，更不能为负值。公差是一个没有符号的绝对值。公差等于最大极限尺寸减去最小极限尺寸的值，或上偏差减去下偏差的值。孔的公差用 T_h 表示，轴的公差用 T_s 表示。其表达式如下

$$孔的公差 T_h = |D_{max} - D_{min}| = |ES - EI| \tag{2-4}$$

$$轴的公差 T_s = |d_{max} - d_{min}| = |es - ei| \tag{2-5}$$

注意：公差与极限偏差是两种不同的概念，故不能混淆。

允许尺寸变动的范围大→公差值大→加工精度低→易加工

允许尺寸变动的范围小→公差值小→加工精度高→难加工

公差是决定零件精度的，而极限偏差是决定极限尺寸相对基本尺寸位置的。孔、轴的基本尺寸、极限尺寸、极限偏差与公差的相互关系如图 2-3 所示。

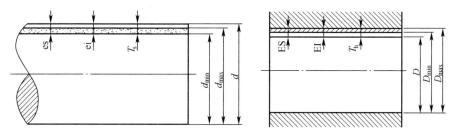

图 2-3　轴、孔的基本尺寸、极限尺寸、极限偏差与公差示意

3. 尺寸公差带

由最大极限尺寸和最小极限尺寸或上偏差和下偏差限定的一个区域称为尺寸公差带。尺寸公差带的大小是由公差值确定的，尺寸公差带在公差带图中的位置是由基本偏差确定的。

孔的公差带用▨表示，轴的公差带用▥表示。

（1）公差带图。用图所表示的公差带称为公差带图。孔、轴公差带图如图 2-4 所示。

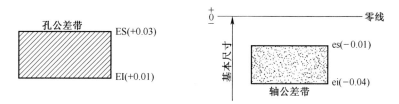

图 2-4　孔、轴公差带图

基本尺寸相同的孔的公差带或轴的公差带都可以画在同一个公差带图上。画公差带图时，在零线左端标注 "0"、"+" 和 "-" 号，在其下方画上与零线相垂直的一条带箭头的直线，并标注基本尺寸。如果极限偏差为正值，按恰当比例（不需要按严格比例）将孔或轴的公差带画在零线的上方；为负值时画在零线的下方；为零时与零线重合，标注上、下偏差。

公差带图中基本尺寸的单位为毫米（mm），偏差及公差的单位可以用毫米（mm）也可以用微米（μm），单位均可以省略不标注。

（2）零线。在公差带图中，表示基本尺寸的一条直线称为零线，它是确定偏差的基准线。

（3）基本偏差。一般是靠近零线的偏差称为基本偏差。它可以是上偏差，也可以是下偏差。

（4）标准公差。国家标准规定的表中所列的任一公差均为标准公差。

【例 2-1】 某孔、轴尺寸标注分别为 $\phi 50^{+0.025}_{0}$ 和 $\phi 50^{-0.009}_{-0.025}$，试确定零件的基本尺寸、极限偏差、极限尺寸和公差，并画出公差带图和说明基本偏差。

解： 孔的基本尺寸 $D = \phi 50 \text{(mm)}$

轴的基本尺寸 $d = \phi 50 \text{(mm)}$

孔的极限偏差 上偏差 ES=+0.025(mm)   下偏差 EI=0

轴的极限偏差 上偏差 es=−0.009(mm)   下偏差 ei=−0.025(mm)

孔的极限尺寸 最大极限尺寸 $D_{max} = D + \text{ES} = 50 + (+0.025) = 50.025 \text{(mm)}$

最小极限尺寸 $D_{min} = D + \text{EI} = 50 + 0 = 50 \text{(mm)}$

轴的极限尺寸 最大极限尺寸 $d_{max} = d + \text{es} = 50 + (−0.009) = 49.991 \text{(mm)}$

最小极限尺寸 $d_{min} = d + \text{ei} = 50 + (−0.025) = 49.975 \text{(mm)}$

孔的公差 $T_h = |\text{ES} − \text{EI}| = |+0.025 − 0| = 0.025 \text{(mm)}$

轴的公差 $T_s = |\text{es} − \text{ei}| = |−0.009 − (−0.025)| = 0.016 \text{(mm)}$

公差带图如图 2-5 所示。

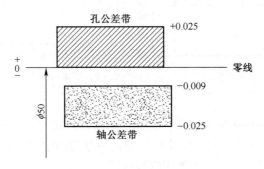

图 2-5   公差带图

孔的下偏差 EI、轴的上偏差 es 为基本偏差。

2.2.4   有关配合的术语及定义

1. 配合

配合是指基本尺寸相同的、相互结合的孔和轴公差带之间的关系。根据孔、轴公差带相互位置的不同，国家标准规定配合可以分为间隙配合、过盈配合和过渡配合三大类。

2. 间隙及间隙配合

（1）间隙 孔的尺寸减去相配合的轴的尺寸所得的代数差为正值时称为间隙，用 X 表示。国家标准规定在间隙数值的前面标注"+"号。

间隙可分为：最大间隙 X_{max}、最小间隙 X_{min} 和平均间隙 X_{av}，如图 2-6 和图 2-7 所示。

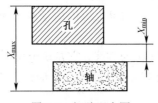

图 2-6   间隙配合图

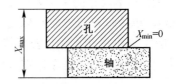

图 2-7 $X_{min}=0$ 的间隙配合图

从图 2-6 可以得出以下公式：

最大间隙

$$X_{\max} = D_{\max} - d_{\min} = ES - ei \tag{2-6}$$

最小间隙

$$X_{\min} = D_{\min} - d_{\max} = EI - es \tag{2-7}$$

平均间隙

$$X_{av} = \frac{X_{\max} + X_{\min}}{2} \tag{2-8}$$

（2）间隙配合。具有间隙的配合称为间隙配合（包括最小间隙等于零的配合）。间隙配合的特点：孔的公差带在轴的公差带之上，而且间隙量越大配合越松。最大间隙 $X_{\max}$ 和最小间隙 $X_{\min}$ 是间隙配合中允许间隙量变动的两个界限值。

【例 2-2】尺寸标注为 $\phi 50^{+0.039}_{0}$ 的孔与 $\phi 50^{-0.009}_{-0.034}$ 的轴配合，要求画出公差带图，并计算 $X_{\max}$、$X_{\min}$、X_{av}、T_h 和 T_s。

解：（1）画公差带图（图 2-8）。

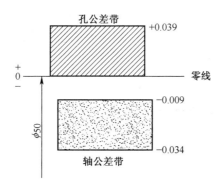

图 2-8　公差带图

（2）计算。

$$X_{\max} = ES - ei = +0.039 - (-0.034) = +0.073 (\text{mm})$$

$$X_{\min} = EI - es = 0 - (-0.009) = 0.009 (\text{mm})$$

$$X_{av} = \frac{X_{\max} + X_{\min}}{2} = \frac{+0.073 + (0.009)}{2} = +0.041$$

$$T_h = |ES - EI| = |+0.039 - 0| = 0.039 (\text{mm})$$

$$T_s = |es - ei| = |-0.009 - (-0.034)| = 0.025 (\text{mm})$$

3. 过盈及过盈配合

（1）过盈。孔的尺寸减去相配合的轴的尺寸所得的代数差为负值时称为过盈，用 Y 表示。国家标准规定在过盈数值的前面标注 "–" 号。

过盈可分为最大过盈 $Y_{\max}$、最小过盈 $Y_{\min}$ 和平均过盈 Y_{av}，如图 2-9 和图 2-10 所示。

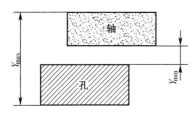

图 2-9　过盈配合图

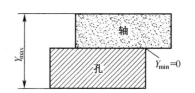

图 2-10　$Y_{\min}=0$ 的过盈配合图

从图 2-9 可以得出以下公式：

最大过盈

$$Y_{max} = D_{min} - d_{max} = EI - es \qquad (2\text{-}9)$$

最小过盈

$$Y_{min} = D_{max} - d_{min} = ES - ei \qquad (2\text{-}10)$$

平均过盈

$$Y_{av} = \frac{Y_{max} + Y_{min}}{2} \qquad (2\text{-}11)$$

（2）过盈配合。具有过盈的配合称为过盈配合（包括最小过盈等于零的配合）。

过盈配合的特点：孔的公差带在轴的公差带之下，过盈量越大配合越紧。最大过盈 Y_{max}、最小过盈 Y_{min} 是过盈配合中允许过盈量变动的两个界限值。

【例 2-3】尺寸标注为 $\phi 25_{\ 0}^{+0.021}$ 的孔与 $\phi 25_{\ +0.028}^{+0.041}$ 的轴配合，要求画出公差带图并计算 Y_{max}、Y_{min} 和 Y_{av}。

解：（1）画公差带图（图 2-11）。

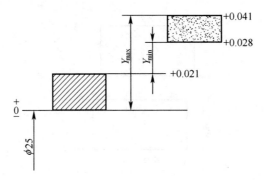

图 2-11　公差带图

（2）计算。

$$Y_{max} = EI - es = 0 - (+0.041) = -0.041(\text{mm})$$

$$Y_{min} = ES - ei = +0.021 - (+0.028) = -0.007(\text{mm})$$

$$Y_{av} = -\frac{Y_{max} + Y_{min}}{2} = \frac{-0.041 + (-0.007)}{2} = -0.024(\text{mm})$$

4. 过渡配合

具有间隙或过盈，且间隙和过盈都不大的配合称为过渡配合。过渡配合是介于间隙配合与过盈配合之间的一类配合，但其间隙或过盈都不大。

过渡配合的特点：孔的公差带与轴的公差带相互交叠。

过渡配合的性质：用最大间隙 X_{max}、最大过盈 Y_{max} 和平均间隙 X_{av} 或平均过盈 Y_{av} 表示。如图 2-12 所示。

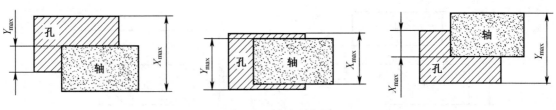

图 2-12　过渡配合图

从图 2-12 可以得出以下公式：

$$\left.\begin{aligned} X_{\max} &= D_{\max} - d_{\min} = \text{ES} - \text{ei} \\ Y_{\max} &= D_{\min} - d_{\max} = \text{El} - \text{es} \\ X_{\text{av}}\ (Y_{\text{av}}) &= \frac{X_{\max} + Y_{\max}}{2} \end{aligned}\right\} \tag{2-12}$$

当最大间隙 $X_{\max}$ 和最大过盈 $Y_{\max}$ 的平均值为正值时具有平均间隙，此时为偏松的过渡配合；为负值时具有平均过盈，此时为偏紧的过渡配合。

最大间隙 $X_{\max}$ 与最大过盈 $Y_{\max}$ 是过渡配合中允许间隙量或过盈量变动的两个极限值。

【例 2-4】尺寸标注为 $\phi 30_{\ 0}^{+0.033}$ 的孔与 $\phi 30_{\ +0.015}^{+0.036}$ 的轴配合，要求画出公差带图，并计算 $X_{\max}$、$Y_{\max}$、X_{av} 或 Y_{av}。

解：（1）画公差带图（图 2-13）。

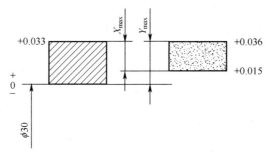

图 2-13　公差带图

（2）计算。

$$X_{\max} = \text{ES} - \text{ei} = +0.033 - (+0.015) = +0.018(\text{mm})$$

$$Y_{\max} = \text{EI} - \text{es} = 0 - (+0.036) = -0.036(\text{mm})$$

$$X_{\text{av}}(Y_{\text{av}}) = \frac{X_{\max} + Y_{\max}}{2} = \frac{+0.018 + (-0.036)}{2} = -0.009(\text{mm})$$

此配合具有平均过盈。

5. 配合公差（T_{f}）

允许间隙或过盈的变动量称为配合公差，用 T_{f} 表示。配合公差是一个没有符号的绝对值。配合公差反映配合松紧程度变化的范围，它决定配合精度的高低。

范围大→配合公差值大→配合精度低

范围小→配合公差值小→配合精度高

配合公差是设计时设计人员根据配合部位的使用要求给定的。对于不同的配合，其配合公差的计算公式不同，即

$$间隙配合：T_{\text{f}} = \left| X_{\max} - X_{\min} \right| \tag{2-13}$$

$$过盈配合：T_{\text{f}} = \left| Y_{\min} - Y_{\max} \right| \tag{2-14}$$

$$过渡配合：T_{\text{f}} = \left| X_{\max} - Y_{\max} \right| \tag{2-15}$$

无论哪一类配合，配合公差都等于孔的公差与轴的公差之和，即

$$T_{\text{f}} = T_{\text{h}} + T_{\text{s}} \tag{2-16}$$

由式（2-16）可以说明，零件的配合精度与零件的加工精度有关。零件加工精度高，配合

精度就高，否则配合精度就低。

6. 配合公差带图

用直角坐标表示配合的孔与轴的间隙或过盈的变动范围的图形称为配合公差带图，如图 2-14 所示。

"0" 坐标线上方表示间隙，"0" 下方表示过盈。配合公差带完全在零线以上为正值是间隙配合，由最大间隙和最小间隙确定上下端的位置；配合公差带完全在零线以下为负值是过盈配合，由最大过盈和最小过盈确定上下端的位置；配合公差带跨在零线上为过渡配合，由最大间隙和最大过盈确定公差带上下端的位置；配合公差带上下端位置的距离即是配合公差的大小。

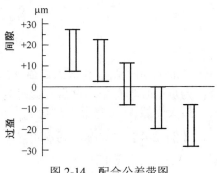

图 2-14   配合公差带图

【例2-5】设有一孔尺寸标注为 $\phi 30_{0}^{+0.021}$ 分别与尺寸标注为 $\phi 30_{-0.013}^{0}$、$\phi 30_{+0.035}^{+0.048}$、$\phi 30_{+0.008}^{+0.021}$ 的轴配合，试说明各属于什么配合，并计算它们的极限间隙、极限过盈。

解：（1）$\phi 30_{0}^{+0.021}$ 孔与 $\phi 30_{-0.013}^{0}$ 轴的配合为间隙配合，应具有极限间隙。

根据公式（2-6）、（2-7）有 $X_{\max} = ES - ei = +0.021 - (-0.013) = +0.034$ (mm)

$$X_{\min} = EI - es = 0 - 0 = 0$$

（2）$\phi 30_{0}^{+0.021}$ 孔与 $\phi 30_{+0.008}^{+0.021}$ 轴的配合为过盈配合，应具有极限过盈。

根据公式（2-9）、（2-10）有 $Y_{\max} = EI - es = 0 - (+0.048) = -0.048$ (mm)

$$Y_{\min} = ES - ei = +0.021 - (+0.035) = -0.014 \text{ (mm)}$$

（3）$\phi 30_{0}^{+0.021}$ 孔与 $\phi 30_{+0.008}^{+0.021}$ 轴的配合为过渡配合，应具有极限间隙、极限过盈。

根据公式（2-12）有 $X_{\max} = ES - ei = +0.021 - (+0.008) = +0.013$ (mm)

$$Y_{\max} = EI - es = 0 - (+0.021) = -0.021 \text{ (mm)}$$

2.3   极限与配合标准的主要内容

为了实现互换性生产，极限与配合必须标准化。本节所讲的有关极限与配合的国家标准是与国际标准等效的。

2.3.1   标准公差及标准公差系列

1. 标准公差等级及其代号

在国际标准 GB/T1800.3 中，标准公差用 IT 表示，规定了 20 个公差等级为标准公差等级。标准公差等级的代号分别为 IT01，IT0，IT1，IT2...IT18。其中 IT01 精度最高，其余依次降低，IT18 精度最低。标准公差的选取由两个因素确定：一是配合的基本尺寸大小；二是标准公差等级的高低。

标准公差系列是由国家标准规定的用来确定公差带大小的一系列公差数值。

$$
\text{标准公差的构成}
\begin{cases}
\text{标准公差等级} \\
\text{数值}
\begin{cases}
\text{标准公差因子} \\
\text{公差等级系数} \\
\text{基本尺寸分段}
\end{cases}
\end{cases}
$$

2．标准公差因子与标准公差的计算

标准公差因子用来确定标准公差的基本单位，用 i 表示。该因子是基本尺寸的函数，是制定标准公差数值的基础。

当 $D（d）\leqslant 500\text{mm}$ 时　　　　$i = 0.45\sqrt[3]{D(d)} + 0.001 D(d)$

常用的公差等级为 IT5～IT18，标准公差的计算公式为

$$IT = ai \tag{2-17}$$

式中：IT——标准公差；

　　　　i——标准公差因子；

　　　　a——公差等级系数（a 的数值符合或基本符合 R5 优先数系）。

公差等级 IT01～IT4，不同的公差等级有不同的标准公差计算公式。

3．基本尺寸分段

如果按标准公差的计算公式计算每一个基本尺寸的标准公差，这样编制的公差表格非常庞大且不好用。为了简化公差与配合的表格，便于应用，国家标准对基本尺寸进行了分段。并对同一尺寸段内的所有基本尺寸都规定了相同的标准公差因子。对基本尺寸从 0～500mm 的尺寸分为 13 个尺寸段（表 2-1），这样的尺寸段称为主段落。

4．标准公差值

基本尺寸和公差等级确定后，按标准公差计算公式就可以算出相应的标准公差值。在实际工作中，标准公差值用查表法确定，详见表 2-1。

表 2-1　标准公差（GB/T1800.3-1998）

公差等级	IT0I	IT0	IT1	IT2	IT3	IT4	IT5	IT6	IT7	IT8	IT9	IT10	IT11	IT12	IT13	IT14	IT15	IT16	IT17	IT18
基本尺寸/mm	/μm													/mm						
≤3	0.3	0.5	0.8	1.2	2	3	4	6	10	14	25	40	60	0.10	0.14	0.25	0.40	0.60	1.0	1.4
>3～6	0.4	0.6	1	1.5	2.5	4	5	8	12	18	30	48	75	0.12	0.18	0.30	0.48	0.75	1.2	1.8
>6～10	0.4	0.6	1	1.5	2.5	4	6	9	15	22	36	58	90	0.15	0.22	0.36	0.58	0.90	1.5	2.2
>10～18	0.5	0.8	1.2	2	3	5	8	11	18	27	43	70	110	0.18	0.27	0.43	0.70	1.10	1.8	2.7
>18～30	0.6	1	1.5	2.5	4	6	9	13	21	33	52	84	130	0.21	0.33	0.52	0.84	1.30	2.1	3.3
>30～50	0.6	1	1.5	2.5	4	7	11	16	25	39	62	100	160	0.25	0.39	0.62	1.00	1.60	2.5	3.9
>50～80	0.8	1.2	2	3	5	8	13	19	30	46	74	120	190	0.30	0.46	0.74	1.20	1.90	3.0	4.6
>80～120	1	1.5	2.5	4	6	10	15	22	35	54	87	140	220	0.35	0.54	0.87	1.40	2.20	3.5	5.4
>120～180	1.2	2	3.5	5	8	12	18	25	40	63	100	160	250	0.40	0.63	1.00	1.60	2.50	4.0	6.3
>180～250	2	3	4.5	7	10	14	20	29	46	72	115	185	290	0.46	0.72	1.15	1.85	2.90	4.6	7.2
>250～315	2.5	4	6	8	12	16	23	32	52	81	130	210	320	0.52	0.81	2.10	2.10	3.20	5.2	8.1
>315～400	3	5	7	9	13	18	25	36	57	89	140	230	360	0.57	0.89	1.40	2.30	3.60	5.7	8.9
>400～500	4	6	8	10	15	20	27	40	63	97	155	250	400	0.63	0.97	1.55	2.50	4.00	6.3	9.7

注：基本尺寸小于 1mm 时，无 IT14～IT18。

由表 2-1 可知，公差值与公差等级和基本尺寸有关。若基本尺寸相同，公差等级不同，则公差值不同，零件加工的难易程度就不同。所以对基本尺寸相同的零件，可以按公差值的大小评定其加工精度的高低，即公差值大其精度低，公差值小则精度高。而对基本尺寸不同的零件，

公差等级相同，精度就相同。尽管公差等级相同，但其公差值是不相等的。例如 $\phi\,50IT6$ 和 $\phi\,80IT6$，他们的公差值分别是 16 和 19，后者大于前者。因为在实际生产中，在相同的加工条件下，加工基本尺寸不同的零件，加工后产生的加工误差是不同的，一般基本尺寸越大则加工误差就越大；反之，则小。

2.3.2 基本偏差及基本偏差系列

根据前面的术语定义可知，一个基本尺寸的公差带由公差带的大小和公差带的位置两部分构成。公差带的大小由标准公差决定，而公差带的位置由基本偏差确定，基本偏差是用来确定公差带相对于零线位置的参数（一般是靠近零线的极限偏差）。不同的基本偏差就有不同位置的公差带，以组成各种不同性质、不同松紧程度的配合，满足机器各种功能的需要。

1. 基本偏差代号

为了便于应用和满足不同配合性质的需要，必须将孔、轴公差带的位置标准化。因此国家标准 GB/T1800.3-1998 对孔和轴各规定了 28 种基本偏差，并用代号表示。这 28 种基本偏差就构成了基本偏差系列。

基本偏差代号用拉丁字母表示。大写的代表孔，小写的代表轴。在 26 个拉丁字母中去掉了易与其他参数混淆的五个字母 I、L、O、Q、W（i、l、o、q、w），同时增加了 CD、EF、FG、JS、ZA、ZB、ZC（cd、ef、fg、js、za、zb、zc）七个双写字母，如图 2-15 所示。

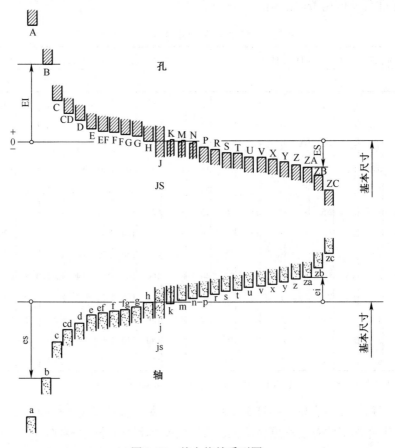

图 2-15　基本偏差系列图

2．基本偏差系列图及其特征

基本偏差系列图是反映 28 个基本偏差排列次序及相对零线位置的图，如图 2-15 所示，此图中公差带为开口公差带，另一极限偏差取决于公差值的大小。

基本偏差系列图的特征如下。

（1）对于孔。

A～G 的基本偏差为下偏差，而且均为正值。公差带都在零线的上方，并逐渐靠近零线。

H（基准孔）的基本偏差为下偏差，即 EI=0，公差带在零线的上方。

JS（特殊）的基本偏差是上偏差或下偏差，$ES = EI = \pm \dfrac{IT}{2}$。公差带相对于零线上下对称

J～ZC 的基本偏差为上偏差，除 J、K、M、N 外，其余均为负值（即 ES 为 "–"），并且公差带在零线的下方，逐渐远离零线。

（2）对于轴。

a～g 的基本偏差为上偏差，而且均为负值，公差带都在零线的下方，且逐渐靠近零线。

h（基准轴）的基本偏差为上偏差，即 es = 0，公差带在零线的下方。

js（特殊）的基本偏差是上偏差或下偏差，$es = ei = \pm \dfrac{IT}{2}$，公差带相对于零线上下对称。

J～zc 的基本偏差为下偏差。除 j 和 k 外，其余均为正值，即 ei 为 "+"，并且公差带在零线的上方，逐渐远离零线。

无论孔还是轴，在基本偏差系列图中，前面为间隙配合，后面为过盈配合，一般中间的 Js、K、M、N（js、j、k、m、n）为过渡配合。

3．基本偏差数值

轴的基本偏差数值是以基孔制配合为基础的，并根据各种配合性质，经过理论计算以及实验和统计分析而得到的。表 2-2 为轴的基本偏差数值表。

当基本偏差确定后，另一个极限偏差可根据以下公式计算

$$es = ei + T_s \tag{2-18}$$
$$ei = es - T_s \tag{2-19}$$

根据轴的基本偏差与孔的基本偏差成倒影，或基本或部分成倒影的关系（图 2-15），按照一定规则换算，可以得到孔的基本偏差数值，见表 2-3。成倒影是指相同尺寸、相同字母的轴与孔的基本偏差的绝对值相等，其符号相反。例如，轴的基本尺寸为 30、基本偏差为 g，孔的基本尺寸为 30、基本偏差为 G 时，即

$$EI = - es（适用于 A-H 所有公差等级）$$
$$ES = - ei [适用于 J～N (>IT8)，P～ZC (>IT7)]$$

对于基本偏差为 K、M、N（≤IT8），P～ZC（≤IT7）时不是完全成倒影关系，即

$$ES = - ei + \Delta$$

当基本偏差确定后，另一个极限偏差可根据以下公式计算

$$ES = EI + T_h \tag{2-20}$$
$$EI = ES - T_h \tag{2-21}$$

在实际工作中，无论是轴的基本偏差数值还是孔的基本偏差数值，都可以用查表法确定。轴的基本偏差见表 2-2，孔的基本偏差见表 2-3。任何孔、轴的公差带代号都是由基本偏差代号和公差等级数字组成的，例如 H6、g9 等。

表 2-2　轴的基本偏差数值（摘自 GB/T 1800.3-1998）

基本尺寸/mm		基本尺寸偏差数字															
大于	至	上偏差 es												IT5和IT6	IT7	IT8	IT4~IT7
		所有标准公差等级												j			
		a	b	c	cd	d	e	of	f	fg	g	h	js				
	≤3	-270	-140	-60	-34	-20	-14	-10	-6	-4	-2	0		-2	-4	6	0
3	6	-270	-140	-70	-46	-30	-20	-14	-10	-6	-4	0		-2	-4		+1
6	10	-280	-150	-80	-56	-40	-25	-18	-13	-8	-5	0		-2	-5		+1
10	14	-290	-150	-95		-50	-32		-16		-6	0		-3	-6		+1
14	18																
18	24	300	-160	-110		-65	-40		-20		-7	0	偏差=±ITn/2，式中 ITn 是 IT 数值	-4	-8		+2
24	30																
30	40	-310	-170	-120		-80	-50		-25		-9	0		-5	-10		+2
40	50	-320	-180	-130													
50	65	-340	-190	-140		-100	-60		-30		-10	0		-7	-12		+2
65	80	-360	-200	-150													
80	100	-380	-220	-170		-120	-72		-36		-12	0		-9	-I5		+3
100	120	-410	-240	-180													
120	140	-460	-260	-200		-145	-85		-43		-14	0		-11	-18		+3
140	160	-520	-280	-210													
160	180	-580	-310	-230													
180	200	-660	-340	-240		-17C	-loc		-50		-15	0		-13	-21		+4
200	225	-740	-380	-260													
225	250	-820	-420	-280													
250	280	-920	-480	-300		-190	-11C		-56		-17	0		-16	-26		+4
280	315	-1050	-540	-330													
315	355	-1200	-600	-360		-210	-125		-62		-18	0		-18	-28		+4
355	400	-1350	-680	-400													
400	450	-1500	-760	-440		-230	-135		-68		-20	0		-20	-32		+5
450	500	-1650	-840	-480													
500	560					-260	-145		-76		-22	0					0
560	630																
630	710					-290	-160		-80		-24	0					0
710	800																
800	900					-320	-170		-86		-26	0					0
900	1000																
1000	1120					-350	-195		-98		-28	0					0
1120	1250																
1250	1400					-390	-22C		-11C		-30	0					0
1400	1600																
1600	1800					-430	-240		-12C		-32	0					0
1800	2000																
2000	2240					-480	-26C		-130		-34	0					0
2240	2500																
2500	2800					-520	-290		-145		-38	0					0
2800	3150																

注：（1）基本尺寸小于或等于 lmm 时，基本偏差 a 和 b 均不采用；

（2）公差带 js7~js11，若 ITn 数值是奇数，则取偏差=$\pm\dfrac{IT_n-1}{2}$。

偏差数值

下偏差 ei

≤IT3 >IT7	所以标准公差等级													
k	m	n	p	r	s	t	u	v	x	y	z	za	zb	zc
0	+2	+4	+6	+10	+14		+18		+20		+26	+32	+40	+60
0	+4	+8	+12	+15	+19		+23		+28		+35	+42	+50	+80
0	+6	+10	+15	+19	+23		+28		+34		+42	+52	+67	+97
0	+7	+12	+18	+23	+28		+33		+40		+50	+64	+90	+130
0								+39	+45		+60	+77	+108	+150
0	+8	+15	+22	+28	+35		+41	+47	+54	+63	+73	+98	+136	+188
0						+41	+48	+55	+64	+75	+88	+118	+160	+218
0	+9	+17	+26	+34	+43	+48	+60	+68	+80	+94	+112	+148	+200	+274
0						+54	+70	+81	+97	+114	+136	+180	+242	+325
0	+11	+20	+32	+41	+53	+66	+87	+102	+122	+144	+172	+226	+300	+405
0				+43	+59	+75	+102	+120	+146	+174	+210	+274	+360	+480
0	+13	+23	+37	+51	+71	+91	+124	+146	+178	+214	+258	+335	+445	+585
0				+54	+79	+104	+144	+172	+210	+254	+310	+400	+525	+690
0	+15	+27	+43	+63	+92	+122	+170	+202	+248	+300	+365	+470	+620	+800
0				+65	+100	+134	+190	+228	+280	+340	+415	+535	+700	+900
0				+68	+108	+146	+210	+252	+310	+380	+465	+600	+780	+1000
0	+17	+31	+50	+77	+122	+166	+236	+284	+350	+425	+520	+670	+880	+1150
0				+80	+130	+180	+258	+310	+385	+470	+575	+740	+960	+1250
0				+84	+140	+196	+284	+340	+425	+520	+640	+820	+1050	+1350
0	+20	+34	+56	+94	+158	+218	+315	+385	+475	+580	+710	+920	+1200	+1550
0				+98	+170	+240	+350	+425	+525	+650	+790	+1000	+1300	+1700
0	+21	+37	+62	+108	+190	+268	+390	+475	+590	+730	+900	+1150	+1500	+1900
0				+114	+208	+294	+435	+530	+660	+820	+1000	+1300	+1650	+2100
0	+23	+40	+68	+126	+232	+330	+490	+595	+740	+920	+1100	+1450	+1850	+2400
0				+132	+252	+360	+540	+660	+820	+1000	+1.250	+1600	+2100	+2600
0	+26	+44	+78	+150	+280	+400	+600							
0				+155	+310	+450	+660							
0	+30	+50	+88	+175	+340	+500	+740							
0				+185	+380	+560	+840							
0	+34	+56	+100	+210	+430	+620	+940							
0				+220	+470	+680	+1050							
0	+40	+66	+120	+250	+520	+780	+1150							
0				+260	+580	+840	+1300							
0	+48	+78	+140	+300	+640	+960	+1450							
0				+330	+720	+1050	+1600							
0	+58	+92	+170	+370	+820	+1200	+1850							
0				+400	+920	+1350	+2000							
0	+68	+110	+195	+440	+1000	+1500	+2300							
0				+460	+1100	+1650	+2500							
0	+76	+135	+240	+550	+1250	+1900	+2900							
0				+580	+1400	+2100	+3200							

表 2-3　孔的基本偏差数值

基本偏差 — 下偏差 EI（列 A～H 为所有标准公差等级）；JS；J（IT6、IT7、ITS）；K（≤IT8、>IT8）；M（≤IT8、>IT8）；N（≤IT8、>IT8）

基本尺寸/mm 至	A	B	C	CD	D	E	EF	F	FG	G	H	JS	J IT6	J IT7	J ITS	K ≤IT8	K >IT8	M ≤IT8	M >IT8	N ≤IT8	N >IT8
3	+270	+140	+60	+34	+20	+14	+10	+6	+4	+2	0		+2	+4	+6	0	0	-2	-2	-4	-4
△△	+270	+140	+70	+46	+30	+20	+14	+10	+6	+4	0		+5	+6	+10	1+△		-4+△	-4	-8+△	0
10	+280	+150	+80	+56	+40	+25	+18	+13	+8	+5	0		+5	+8	+12	-1+6		-6+41	-6	-10+△	0
14 / 18	+290	+150	+95		+50	+32		+16		+6	0		+6	+10	+15	-1+6		-7+O	-7	-12+△	0
24 / 30	+300	+160	+110		+65	+40		+20		+7	0		+8	+12	+20	-2+△		-8+O	-8	-15+△	0
40	+310	+170	+120		+80	+50		+25		+9	0		+10	+14	+24	-2+△		-9+p	-9	-17+△	0
50	+320	+180	+130																		
65	+340	+190	+140		+100	+60		+30		+10	0		+13	+18	+28	-2+△		-11 +p	-11	-20+△	0
80	+360	+200	+150																		
100	+380	+220	+170		+12C	+72		+36		+12	0		+16	+22	+34	-3+△		-13+△	-13	-23+p	0
120	+410	+240	+180																		
140	+460	+260	+200		+145	+85		+43		+14	0		+18	+26	+41	-3+△		-15+p	-15	-27+△	0
160	+520	+280	+210																		
180	+580	+310	+230																		
200	+660	+340	+240		+170	+100		+50		+15	0		+22	+30	+47	-4+△		-17+d	-17	-31+△	0
225	+740	+380	+260									偏差= ±ITₙ/2, 式中 ITₙ 是 IT 数值									
250	+820	+420	+280																		
280	+920	+480	+300		+190	+110		+56		+17	0		+25	+36	+55	-4+A		-20+,A	-2C	-34+6	0
315	+1050	+540	+330																		
355	+f20C	+600	+360		+21C	+125		+62		+18	0		+29	+39	+60	-4+d		-21+△	-21	-37+△	0
400	+135C	+680	+400																		
450	+1500	+760	+440		+230	+135		+68		+20	0		+33	+43	+66	-5+L		-23+O	-23	-40+O	0
500	+165C	+840	+480																		
560 / 630					+260	+145		+76		+22	0					0		-26		-44	
710 / 800					+290	+160		+80		+24	0					0		-30		-50	
900 / 1000					+320	+170		+86		+26	0					0		-34		-56	
112C / 125C					+350	+195		+98		+28	0					0		-40		-66	
1400 / 1600					+390	+220		+110		+30	0					0		-48		-78	
180C / 2000					+430	+240		+120		+32	0					0		-58		-92	
2240 / 2500					+480	+260		+130		+34	0					0		-68		-110	
2800 / 3150					+520	+290		+145		+38	0					0		-76		-135	

注：（1）基本尺寸小于或等于 1mm 时，基本偏差 A 和 B 及大于 IT8 的 n 均不采用；

（2）公差带 JS7～JS11，若 ITₙ 数值是奇数，则取偏差 $=\pm\dfrac{IT_n-1}{2}$；

（3）对小于或等于 IT8 的 K、M、N 和小于或等于 IT7 的 P～ZC，所需 A 值从表内右侧选取；

例如 18～30mm 段的 K7，△=8μm，所以 ES= -2+8=+6μm；18～30mm 段的 S6：△=4μm，所以 ES=-35+4=-31μm；

（4）特殊情况：250～315mm 段的 M6：ES = −9μm（代替−11μm）。

	基本偏差值												△值					
	上偏差 es																	
	≤IT7				标准公差等级≥IT7							标准公差等级					
P 至 ZC	P	R	S	T	U	V	X	Y	Z	ZA	ZB	ZC	IT3	IT4	IT5	IT6	IT7	ITS
在大于IT7的相应数值上增加一个△值	-6	-10	-14		-18		-20		-26	-32	-40	-60	0	0	0	0	0	0
	-12	-15	-19		-23		-28		-35	-42	-50	-80	1	1.5	1	3	4	6
	-15	-19	-23		-28		-34		-42	-52	-67	-97	1	1.5	2	3	6	7
	-18	-23	-28		-33		-40		-50	-64	-90	-130	1	2	3	3	7	9
					-39		-45		-60	-77	-108	-150						
	-22	-28	-35		-41	-47	-54	-63	-73	-98	-136	-188	1.5	2	3	4	8	12
				-41	-48	-55	-64	-75	-88	-118	-160	-218						
	-26	-34	-43	-48	-60	-68	-80	-94	-112	-148	-200	-274	1.5	3	4	5	9	14
				-54	-70	-81	-97	-114	-136	-180	-242	-325						
	-32	-41	-53	-66	-87	-102	-122	-144	-172	-226	-300	-405	2	3	5	6	11	16
		-43	-59	-75	-102	-120	-146	-174	-210	-274	-360	-480						
	-37	-51	-71	-91	-124	-146	-178	-214	-258	-335	-445	-585	2	4	b	7	13	19
		-54	-79	-104	-144	-172	-210	-254	-310	-400	-525	-690						
	-43	-63	-92	-122	-170	-202	-248	-300	-365	-470	-620	-800	3	4	6	7	15	23
		-65	-100	-134	-190	-228	-280	-340	-415	-535	-700	-900						
		-68	-108	-146	-210	-252	-310	-380	-465	-600	-780	-1000						
	-50	-77	-122	-166	-236	-284	-350	-425	-520	-670	-880	-1150	3	4	6	9	17	26
		-80	-130	-180	-258	-310	-385	-470	-575	-740	-960	-1250						
		-84	-140	-196	-284	-340	-425	-520	-640	-820	-1050	-1350						
	-56	-94	-158	-218	-315	-385	-475	-580	-710	-920	-1200	-1550	4	4	7	9	20	29
		-98	-170	-240	-350	-425	-525	-650	-790	-1000	-1300	-1700						
	-62	-108	-190	-268	-390	-475	-590	-730	-900	-1150	-1500	-1900		5	7	I1	21	32
		-114	-208	-294	-435	-530	-660	-820	-1000	-1300	-1650	-2100						
	-68	-126	-232	-330	-490	-595	-740	-920	-1100	-1450	-1850	-2400	5	5	7	13	23	34
		-132	-252	-360	-540	-660	-820	-1000	-1250	-1600	-2100	-2600						
	-78	-150	-280	-400	-600													
		-155	-310	-450	-660													
	-88	-175	-340	-500	-740													
		-185	-380	-560	-840													
	-100	-210	-430	-620	-940													
		-220	-470	-680	-1050													
	-120	-250	-520	-780	-115C													
		-260	-580	-840	-1300													
	-140	-300	-640	-960	-1450													
		-330	-720	-1050	-1600													
	-170	-370	-820	-1200	-1850													
		-400	-920	-1350	-2000													
	-1 95	-440	-1000	-1500	-2300													
		-460	-1100	-1650	-2500													
	-240	-550	-1250	-1900	-2900													
		-580	-140C	-2100	-3200													

2.3.3 基准制

从配合的定义可知，只要是基本尺寸相同的任何一对孔和轴都可以形成一种配合。为了简化、方便加工等，国家标准规定了组成配合的一种制度——基准制，有基孔制配合和基轴制配合。

基孔制配合是指基本偏差为一定的孔的公差带与不同基本偏差的轴的公差带所形成的各种配合的一种制度，如图 2-16（a）所示。

在基孔制配合中，孔为基准孔，用 H 表示。基本偏差为下偏差且等于零，上偏差为正值，公差带在零线上侧。轴为非基准件。

基轴制配合是指基本偏差为一定的轴的公差带与不同基本偏差的孔的公差带所形成的各种配合的一种制度，如图 2-16（b）所示。

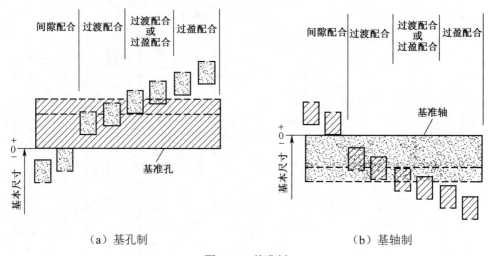

（a）基孔制   （b）基轴制

图 2-16   基准制

在基轴制配合中，轴为基准轴，用 h 表示。轴的基本偏差为上偏差而且等于零，下偏差为负值，公差带在零线下侧。孔为非基准件。

从图 2-16（a）可知，在基孔制配合中，孔的公差带不变，改变轴的公差带可形成三类配合，即基孔制间隙配合、基孔制过盈配合、基孔制过渡配合。从图 2-16（b）可知在基轴制配合中，轴的公差带不变，改变孔的公差带也可形成三类配合，即基轴制间隙配合、基轴制过盈配合、基轴制过渡配合。

非基准孔和非基准轴组成的配合为非基准制配合，习惯称此配合为混合配合，例如 G8/m7、F7/n6 等。在实际生产中，此类配合制常用在配合精度要求不高的配合部位。

【例 2-6】 查表确定 $\phi 50G6$ 和 $\phi 50g6$ 的极限偏差。

解：查表 2-1 中 30～50 段落，得 IT6=16 (μm)=0.016 (mm)

查表 2-3 中 40～50 段落，G 的基本偏差 EI=+9 (μm)=+0.009 (mm)

根据式（2-18）：孔的另一个极限偏差 ES=EI+ T_h =（+9）+16=+25(μm)=+0.025(mm)。$\phi 50G6$ 可以标注为 $\phi 50^{+0.025}_{+0.009}$。由于 $\phi 50G6$ 和 $\phi 50g6$ 的基本偏差成倒影的关系，EI = –es。所以 g 的基本偏差 es = – EI = – 0.009 (mm)。

孔、轴的公差等级相同，轴的另一极限偏差 ei = –ES = –0.025(mm) 则 $\phi 50g6$ 可以标注为

$\phi 50^{-0.009}_{-0.025}$。

【例 2-7】查表确定 $\phi 40JS8$ 与 $\phi 40js8$ 的极限偏差。

解：查表 2-1 中 30~50 段落，得 IT8=39μm=0.039 (mm)

查表 2-3 中 40 段落，JS8 的上、下偏差均为基本偏差，即

$$ES = + \frac{(IT8-1)}{2} = + \frac{39-1}{2} = +19(μm) = +0.019 \text{ (mm)}$$

$$EI = - \frac{(IT8-1)}{2} = - \frac{39-1}{2} = -19(μm) = +0.019 \text{ (mm)}$$

$\phi 40JS8$ 可以标注为 $\phi 40 \pm 0.016$。

$\phi 40JS8$ 与 $\phi 40js8$ 的公差带都是横跨在零线上，故基本偏差相同。

$\phi 40js8$ 可以标注为 $\phi 40 \pm 0.016$。

【例 2-8】查表确定 $\phi 72K8$ 的极限偏差。

解：查表 2-1 中 50~80 段落，得 IT8=46 (μm)=0.046 (mm)

查表 2-3 中 65~80 段落，K8 的基本偏差 ES=$-2+\Delta$=$-2+16$=$+14$ (μm) =+0.014 (mm)

根据式（2-19），另一个极限偏差 EI=ES$-T_h$=+14$-$46=-32(μm)=-0.032 (mm)

即 $\phi 72K8$ 可以标注为 $\phi 72^{+0.014}_{-0.032}$。

【例 2-9】查表确定 $\phi 40R7$ 的上、下偏差。

解：查表 2-1 中 30~50 段落，得 IT7=25(μm)=0.025(mm)

查表 2-3 中 30~40 段落，R8 的基本偏差 ES=$-34+\Delta$=$-34+9$=-25(μm)=-0.025 (mm)

根据式（2-19），另一个极限偏差 EI=ES$-T_h$=$-25-25$=-50(μm)=-0.050 (mm)。

【例 2-10】查表确定 $\phi 40r7$ 的上、下偏差。

解：查表 2-1 中 30~50 段落，得 IT7=25(μm)=0.025 (mm)

查表 2-2 中 30~40 段落，r7 的基本偏差 ei=+34(μm)=+0.034 (mm)

根据式（2-16），另一极限偏差 es=ei+T_s=(+34)+25=+59(μm)=+0.059 (mm)。

【例 2-11】查表确定 $\phi 40R8$ 的上、下偏差。

解：查表 2-1 中 30~50 段落，得 IT8=39(μm)=0.039(mm)

查表 2-3 中 30~40 段落，R8 的基本偏差 ES=-34(μm)=-0.034 (mm)

根据式（2-19），另一极限偏差 EI=ES$-T_h$=$-34-39$=-73(μm)=0.073 (mm)

即 $\phi 40R8$ 可以标注为 $\phi 40^{-0.034}_{-0.073}$，则 $\phi 40r8$ 可以标注为 $\phi 40^{+0.073}_{+0.034}$（$\phi 40R8$ 与 $\phi 40r8$ 成倒影关系）。

【例 2-12】查表确定 $\phi 40H8/f7$ 及 $\phi 40F8/h7$ 孔和轴的上、下偏差，并计算极限间隙。

解：查表 2-1 中 30~50 段落，IT8=39(μm)，IT7=25(μm)

查表 2-2 中 30~40 段落，f 的基本偏差为上偏差 es =-25(μm)，h 的基本偏差为上偏差 es = 0

根据式（2-17），轴的下偏差分别为 f 7 的 ei = es$-T_s$ = $-25-25$=-50(μm)

h7 的 ei = es$-T_s$ = 0-25=-25(μm)

查表 2-3 中 30~40 段落，H8 的基本偏差为下偏差 EI = 0，F8 的基本偏差为下偏差 EI = +25(μm)。

根据式（2-18），H8 的 ES=EI+T_h =0+39=+39(μm)

F8 的 ES=EI+ T_h =+25+39=+64(μm)

ϕ40H8/f8 配合的极限间隙为：

根据式（2-6） X_{max} = ES – ei=+39 – (– 50)=+89(μm)=+0.089 (mm)

根据式（2-7） X_{min} = EI – es=0 – (– 25)=+25(μm)=+0.025 (mm)

ϕ40F8/h8 配合的极限间隙为：

根据式（2-6） X_{max} = ES – ei=+64 – (– 25)=+89(μm)=+0.089 (mm)

根据式（2-7） X_{min} = EI – es=+25 – 0=+25(μm)=+0.025 (mm)

由例 2-12 可以看出：两种配合（即同名配合）的极限间隙相同，所以同名配合的配合性质是完全相同的。

2.3.4   公差配合在图样上的标注

1. 公差在图样上的标注

公差在零件图上有三种标注形式，如图 2-17 所示，其中图 2-17（b）应用最广。

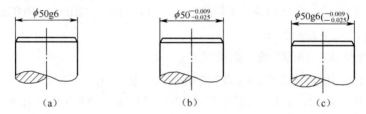

图 2-17   公差在图样上的标注形式

2. 公差配合在图样上的标注

配合代号用分数的形式表示，即孔的公差代号用分子表示，轴的公差代号用分母表示。例如，$\phi60\dfrac{H8}{F7}$、$\phi60\dfrac{G8}{h7}$ 也可以写成、ϕ60H8/F7 、ϕ60G7/h6 的形式。ϕ50F7/g9 为非基准配合（没有基准孔 H 或基准轴 h）。

在装配图上有三种标注形式，如图 2-18 所示，其中图 2-18（a）应用最广。

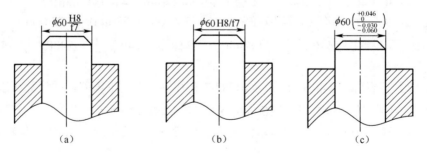

图 2-18   公差配合在图样上的标注形式

2.3.5   一般、常用、优先公差带与配合

前面讲过，标准规定了 20 个公差等级和 28 种基本偏差。除去一些特殊的以外，轴公差带有 544 种、孔公差带有 543 种，这么多的公差带都用显然太庞大了，而且既不经济也没有必要。因此国家标准 GB/T 1801-1999 规定了一般、常用和优先公差带。

孔的一般、常用、优先公差带共有 105 种，如图 2-19 所示。方框内为常用的 44 种，圆圈内为优先的 13 种。选用时按优先、常用、一般顺序来选择。

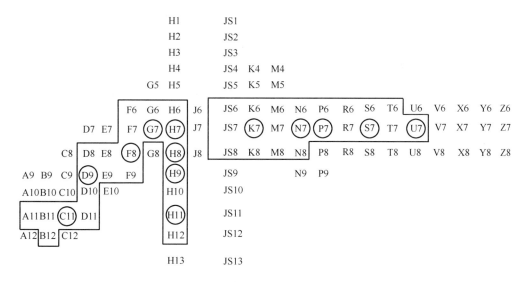

图 2-19 一般、常用、优先孔公差带

轴的一般、常用、优先公差带共有 116 种，如图 2-20 所示。方框内为常用的 59 种，圆圈内为优先的 13 种。选用时按照优先、常用、一般顺序来选择。

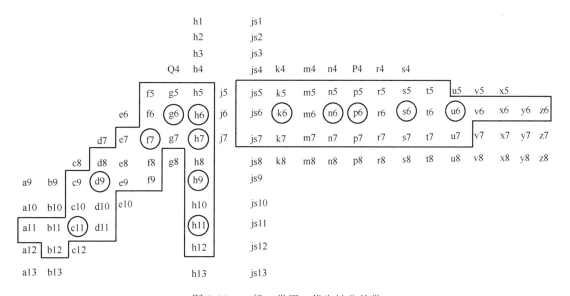

图 2-20 一般、常用、优先轴公差带

国家标准还规定了常用和优先配合。基孔制常用配合 59 种，优先配合 13 种，详见表 2-4；基轴制常用配合 47 种，优先配合 13 种，详见表 2-5。

选用时同样按照优先、常用顺序选择。对于某些特殊情况，若采用一般公差带不能满足要求时，国家标准允许采用两种基准制以外的非基准制配合，例如 $\phi50F9/g9$ 就是一种非基准制配合。

表 2-4　基孔制优先、常用配合

基准孔	轴																				
	a	b	c	d	e	f	g	h	js	k	m	n	p	r	s	t	u	v	x	y	z
	间隔配合								过渡配合				过盈配合								
H6						$\frac{H6}{f5}$	$\frac{H6}{g5}$	$\frac{H6}{h5}$	$\frac{H6}{js5}$	$\frac{H6}{k5}$	$\frac{H6}{m5}$	$\frac{H6}{n5}$	$\frac{H6}{p5}$	$\frac{H6}{r5}$	$\frac{H6}{s5}$	$\frac{H6}{t5}$					
H7						$\frac{H7}{f6}$	$\frac{H7}{g6}$	$\frac{H7}{h6}$	$\frac{H7}{js6}$	$\frac{H7}{k6}$	$\frac{H7}{m6}$	$\frac{H7}{n6}$	$\frac{H7}{p6}$	$\frac{H7}{r6}$	$\frac{H7}{s6}$	$\frac{H7}{t6}$	$\frac{H7}{u6}$	$\frac{H7}{v6}$	$\frac{H7}{x6}$	$\frac{H7}{y6}$	$\frac{H7}{z6}$
H8					$\frac{H8}{e7}$	$\frac{H8}{f7}$	$\frac{H8}{g7}$	$\frac{H8}{h7}$	$\frac{H8}{js7}$	$\frac{H8}{k7}$	$\frac{H8}{m7}$	$\frac{H8}{n7}$	$\frac{H8}{p7}$	$\frac{H8}{r7}$	$\frac{H8}{s7}$	$\frac{H8}{t7}$	$\frac{H8}{u7}$				
				$\frac{H8}{d8}$	$\frac{H8}{e8}$	$\frac{H8}{f8}$		$\frac{H8}{h8}$													
H9			$\frac{H9}{c9}$	$\frac{H9}{d9}$	$\frac{H9}{e9}$	$\frac{H9}{f9}$		$\frac{H9}{h9}$													
H10			$\frac{H10}{c10}$	$\frac{H10}{d10}$				$\frac{H10}{h10}$													
H11	$\frac{H11}{a11}$	$\frac{H11}{b11}$	$\frac{H11}{c11}$	$\frac{H11}{d11}$				$\frac{H11}{h11}$													
H12		$\frac{H12}{b12}$						$\frac{H12}{h12}$													

注：（1）$\frac{H6}{n5}$、$\frac{H7}{p6}$ 在基本尺寸小于或等于 3mm 和 $\frac{H8}{r7}$ 在小于或等于 100mm 时，为过渡配合；

（2）用灰色标示的配合为优先配合。

表 2-5　基轴制优先、常用配合

基准孔	轴																				
	A	B	C	D	E	F	G	H	JS	K	M	N	P	R	S	T	U	V	X	Y	Z
	间隔配合								过渡配合				过盈配合								
h5						$\frac{F6}{h5}$	$\frac{G6}{h5}$	$\frac{H6}{h5}$	$\frac{JS6}{h5}$	$\frac{K6}{h5}$	$\frac{M6}{h5}$	$\frac{N6}{h5}$	$\frac{P6}{h5}$	$\frac{R6}{h5}$	$\frac{S6}{h5}$	$\frac{T6}{h5}$					
h6						$\frac{F7}{h6}$	$\frac{G7}{h6}$	$\frac{H7}{h6}$	$\frac{JS7}{h6}$	$\frac{K7}{h6}$	$\frac{M7}{h6}$	$\frac{N7}{h6}$	$\frac{P7}{h6}$	$\frac{R7}{h6}$	$\frac{S7}{h6}$	$\frac{T7}{h6}$	$\frac{U7}{h6}$				
h7					$\frac{E8}{h7}$	$\frac{F8}{h7}$		$\frac{H8}{h7}$	$\frac{JS8}{h7}$	$\frac{K8}{h7}$	$\frac{M8}{h7}$	$\frac{N8}{h7}$									
h8				$\frac{D8}{h8}$	$\frac{E8}{h8}$	$\frac{F8}{h8}$		$\frac{H8}{h8}$													
h9				$\frac{D9}{h9}$	$\frac{E9}{h9}$	$\frac{F9}{h9}$		$\frac{H9}{h9}$													
h10				$\frac{D10}{h10}$				$\frac{H10}{h10}$													
h11	$\frac{A11}{h11}$	$\frac{B11}{h11}$	$\frac{C11}{h11}$	$\frac{D11}{h11}$				$\frac{H11}{h11}$													
h12		$\frac{B12}{h12}$						$\frac{H12}{h12}$													

注：框中有灰色的为优先配合。

2.4 线性尺寸的未注公差

在车间普通工艺条件下，机床设备一般加工能力就可以保证的公差为线性尺寸的未注公差，又称为一般公差。

线性尺寸的未注公差即一般公差常用于零件精度要求不高的非配合尺寸，该基本尺寸后一般不标注上下偏差。

国家标准 GB/T 1804-2000 将线性尺寸的未注公差规定了四个公差等级，即精密级（f）、中等级（m）、粗糙级（c）和最粗级（v），各级数值见表 2-6，四个等级分别相当于 IT12，IT14，IT16，IT17。对倒圆半径和倒角高度尺寸的极限偏差数值也做了规定，详见表 2-7。

表 2-6 线性尺寸的未注极限偏差数值（摘自 GB/T 1804-2000） （mm）

公差等级	尺寸分段							
	0.5~3	>3~6	>6~30	>30~120	>120~140	>400~1000	>1000~2000	>2000~4000
f（精密级）	±±	±0.05	±0.1	±0.15	±0.2	±0.3	±0.5	
m（中等级）	±0.1	±0.1	±0.2	±0.3	±0.5	±0.8	±1.2	±2
c（粗糙级）	±0.2	±0.3	±0.5	±0.8	±1.2	±2	±3	±4
v（最粗级）		±0.5	±1	±1.5	±2.5	±4	±6	±8

表 2-7 倒圆半径与倒角高度尺寸的极限偏差数值（摘自 GB/T 1804-2000） （mm）

公差等级	尺寸分段			
	0.5~3	>3~6	>6~30	>30
f（精密级）	±0.2	±0.5	±1	±2
m（中等级）				
c（粗糙级）	±0.4	±1	±2	±4
v（最粗级）				

采用线性尺寸未注公差时，在图样上或技术要求中应标注该标准代号和公差等级符号。例如，当选用中等级 m 时，即标注为 GB/T 1804-2000-m，采用线性尺寸未注公差通常可以不用检验。

2.5 尺寸精度设计

尺寸精度的设计就是根据产品要求和生产的经济性选择合适的公差配合。公差与配合的选用主要包括三方面内容的选择，即基准制的选择、公差等级的选择和配合种类的选择。正确、合理地选用极限与配合是机械设计与机械制造中的一项重要工作，它对保证产品的使用性能、提高产品质量以及降低成本、增加经济效益将产生直接影响。

2.5.1　基准制的选择

同名配合，例如 $\phi 50H7/g6$ 和 $\phi 50G7/h6$、$\phi 40H8/r7$ 和 $\phi 40R8/h7$ 等，虽然两种配合的基准制不同，但配合性质基本相同。因此从满足配合性质来讲，选择基孔制和基轴制完全等效，但是从工艺、经济、结构而言，应根据具体情况选择合理的基准制。基准选择的基本原则如下。

1. 优先选用基孔制

国家标准规定，一般情况下优先选用基孔制。因为加工中等精度的相同尺寸、相同公差等级的孔要比加工轴复杂或困难，并且成本高，所以选用基孔制，从工艺和经济上考虑都比较合理。

2. 特殊情况下可选用基轴制

在有些情况下，由于结构和原材料等原因，选用基轴制更适宜。

（1）当用冷拉钢棒材加工零件时可以选用基轴制。由于冷拉钢型材的尺寸、形状相当准确，一般可达到 IT7～IT9。当不经切削加工即能满足使用要求时，选用基轴制就会降低加工成本，增加经济效益。

（2）在同一基本尺寸轴上装有几个不同配合性质的孔时，考虑其结构、工艺等宜选用基轴制。图 2-21（a）是柴油机的活塞连杆部分装配图。工作时要求连杆绕活塞销转动，因此连杆衬套与活塞销配合应为间隙配合。活塞销与活塞销座孔的配合，要求准确定位并便于装配，故应采用过渡配合。如选用基孔制，活塞销应设计成图 2-21（b）所示的中间细两端粗的台阶轴，此结构不仅给加工造成困难，而且装配时容易刮伤连杆衬套内表面；若采用基轴制，活塞销可设计成图 2-21（c）所示的光轴，这样既能使加工变得容易，又便于保证装配精度，故选用基轴制（从加工工艺及装配工艺而言）比选用基孔制要好。

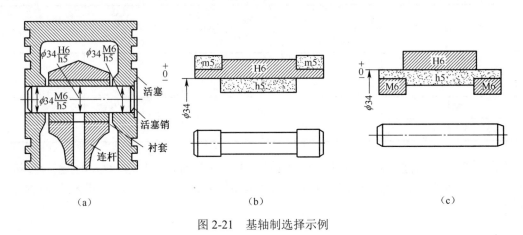

图 2-21　基轴制选择示例

3. 根据标准件选用基准制

与标准件相配合的轴或孔一定要按照标准件来选择基准制。

因为标准件通常由专业工厂大批量生产，在制造时其配合部位的尺寸已确定。例如，与滚动轴承内圈相配合的轴颈应以轴承内圈为基准，故选用基孔制；而与滚动轴承外圈相配合的壳体孔应以轴承外圈为基准，故选用基轴制，如图 2-22 所示。轴承配合处不用标注配合代号。

4. 配合精度要求不高时可选用非基准制

图 2-23 所示是轴承盖外径与壳体孔的配合，此处配合应保证滚动轴承的轴向定位要求、便于装卸，而对径向精度要求不高。由于壳体孔已确定为 J7，在满足上述要求的情况下，此处配合应选用精度较低的非基准制间隙配合，即选 $\phi52$J7/f9 配合有利于降低成本。

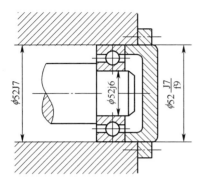
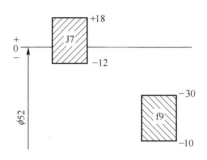

图 2-22　根据标准件选用基准制　　　　图 2-23　非基准制选择示例

2.5.2　公差等级的选择

合理地选择公差等级不是一件容易的事情。如果精度选高了，会导致加工困难、成本加大；精度太低，产品或零件的使用性能会降低，保证不了产品的质量。因此，选择公差等级的一般原则是在满足使用要求的前提下尽量选择低精度的公差等级，这样既可以降低成本又能保证产品的加工质量。

目前选择公差等级常用的方法是类比法，即参考实践中总结出来的经验资料与所设计零件的使用要求及特点等进行比较，然后确定公差等级。

选择公差等级时应注意以下几点：

（1）工艺等价性。工艺等价性是指加工孔和轴的难易程度应基本相同。

对于不大于 500mm 的尺寸，当公差等级小于或等于 IT8 时，由于加工同一精度、同一基本尺寸的孔比轴难，所以配合时根据工艺等价性原则，可选用孔的精度等级比轴低一级。例如 H7/g6 等；当公差等级等于 IT8 级时，也可选为同级，如 H8/g8 等；当公差等级大于 IT9 级时，一般选用同级，如 H9/c9 等。

（2）根据配合性质选择公差等级。对于过渡配合、过盈配合，公差等级不宜太大（一般孔应小于或等于 IT8，轴应小于或等于 IT7）；对于间隙配合，间隙小的配合公差等级应较小，间隙大的配合公差等级可较大。

（3）根据相配合的零件或标准件选择公差等级。相配合的零部件的精度要匹配。例如，轴径、壳体孔与滚动轴承配合时，公差等级应取决于滚动轴承的公差等级；轴与齿轮孔配合时，公差等级取决于齿轮的公差等级。

（4）选择公差等级时，应了解各种加工方法可达到的公差等级（表 2-8）和公差等级的应用范围（表 2-9）。

（5）非基准制配合，孔与轴公差等级可相差 2～3 级。

（6）非标准配合，孔与轴的公差等级可相差 2～3 级。

（7）常用配合尺寸公差等级的应用详见表 2-10。

表 2-8　各种加工方法可达到的公差等级

加工方法	公差等级																		
	01	0	1	2	3	4	5	6	7	8	9	10	11	12	13	14	15	16	17	18
研磨	✓	✓	✓	✓	✓	✓	✓													
珩磨						✓	✓	✓	✓											
圆磨							✓	✓	✓	✓										
平磨							✓	✓	✓	✓										
金刚石车							✓	✓	✓											
金刚石镗							✓	✓	✓											
拉销							✓	✓	✓											
铰孔								✓	✓	✓	✓	✓								
精车精镗									✓	✓	✓									
粗车												✓	✓	✓						
粗镗												✓	✓	✓						
铣										✓	✓	✓	✓							
刨插												✓	✓							
钻削												✓	✓	✓	✓					
冲压												✓	✓	✓	✓	✓				
滚压、挤压												✓	✓							
锻造																	✓	✓		
砂型铸造																	✓	✓		
金属型铸造																	✓	✓		
气割																	✓	✓	✓	✓

表 2-9　公差等级的应用

应用	公差等级																		
	01	0	1	2	3	4	5	6	7	8	9	10	11	12	13	14	15	16	17	18
量块	✓	✓	✓																	
量规			✓	✓	✓	✓	✓	✓	✓											
配合尺寸							✓	✓	✓	✓	✓	✓	✓	✓						
特别精密零件				✓	✓	✓	✓													
非配合尺寸														✓	✓	✓	✓	✓	✓	✓
原材料										✓	✓	✓	✓							

表 2-10　常用配合尺寸 5～12 级的应用

公差等级	应用
5 级	主要用在配合公差、形状公差要求甚小的地方，它的配合性质稳定，一般在机床、发动机、机表等重要部位应用。如与 5 级滚动轴承配合的箱体孔；与 6 级滚动轴承配合的机床主轴、机床尾座与套筒、精密机械及高速机械中轴径、精密丝杠轴径等
6 级	配合性能能达到较高的均匀性，如与 6 级滚动轴承相配合的孔、轴径；与齿轮、蜗轮、联轴器、带轮、凸轮等连接的轴径，机床丝杠轴径；摇臂钻立柱；机床夹具中导向件外径尺寸；6 级精度齿轮的基准孔，7,8 级精度齿轮基准轴径
7 级	7 级精度比 6 级稍低，应用条件与 6 级基本相似，在一般机械制造中应用较为普遍。如联轴器、带轮、凸轮等孔径；机床夹盘座孔；夹具中固定钻套，可换钻套；7,8 级齿轮基准孔，9 级齿轮基准轴

公差等级	应用
8 级	在机器制造中属于中等精度。如轴承座衬套沿宽度方向尺寸，9 至 12 级齿轮基准，10 至 12 级齿轮基准轴
9 级,10 级	主要用于机械制造中轴套外径与孔、操纵件与轴、空轴带轮与轴，单键与花键
11 级,12 级	配合精度很低，装配后可能产生很大间隙，适用于基本上没有什么配合要求的场合。如机床上法兰盘与正口、滑块与滑移齿轮、加工中工序间尺寸、冲压加工的配合件、机床制造中的扳手孔与扳手座的连接

（8）对尺寸大于 500mm 的基本尺寸，一般采用同级的孔、轴配合。

（9）对尺寸小于或等于 3mm 的基本尺寸，此时孔、轴的加工工艺性多样化，孔、轴的公差等级的选择也多样化。在遵循工艺等价原则时，有时出现孔的允许公差小于轴的允许公差，即孔的加工精度高于轴的加工精度 1 级或 2 级，如钟表业中的某些孔轴配合。

总之，选择公差等级时在遵守一般原则的前提下，应结合具体情况，灵活地选择，也可以用计算的方法来确定。例如，根据配合公差来确定孔和轴的公差，即

$$T_f = T_h + T_s \tag{2-22}$$

查表 2-1 确定 T_h、T_s。

【例 2-13】 设孔与相配合的轴的基本尺寸 $D(d) = \phi 48mm$，$X_{max} = +50\mu m$，$X_{min} = +9\mu m$。试用查表法及计算法确定孔、轴的公差等级。

解：根据公式 $T_f = |X_{max} - X_{min}| = |+50 - (+9)| = 41\ (\mu m)$

$$T_f = T_h + T_s$$
$$T_h + T_s = 41\ (\mu m)$$

根据工艺等价性原则：当 IT≤8 时，相配合的孔的公差等级与轴的公差等级相差一级且孔比轴的精度低一级。

查表 2-1 中 30～50 段落，IT6+IT7=41(μm)。

故选孔的公差等级为 IT7=25μm，轴的公差等级为 IT6=16 (μm)。

表 2-11　尺寸至 500mm 基孔制常用和优先配合的特征及应用

配合类别	配合特征	配合代号	应用
间隙配合	特大间隙	$\dfrac{H11}{a11}$　$\dfrac{H11}{b11}$　$\dfrac{H12}{a12}$	用于高温或工作时要求大间隙的配合
	很大间隙	$\left(\dfrac{H11}{c11}\right)$　$\dfrac{H11}{d11}$	用于工作条件较差、受力变形或为了便于装配而需要大间隙的配合和高温工作的配合
	较大间隙	$\dfrac{H9}{c9}$　$\dfrac{H10}{c10}$　$\dfrac{H8}{d8}$　$\left(\dfrac{H9}{d9}\right)$ $\dfrac{H10}{d10}$　$\dfrac{H8}{e7}$　$\dfrac{H8}{e8}$　$\dfrac{H9}{e9}$	用于高速重载的滑动轴承或大直径的滑动轴承，也可用于大跨距或多支点支承的配合
	一般间隙	$\dfrac{H6}{f5}$　$\dfrac{H7}{f6}$　$\left(\dfrac{H8}{f7}\right)$　$\dfrac{H8}{f8}$　$\dfrac{H9}{f9}$	用于一般转速的动配合。当温度影响不大时、广泛应用于普通润滑油润滑的支承处

续表

配合类别	配合特征	配合代号	应用
间隙配合	较小间隙	$\left(\dfrac{H7}{g6}\right)\ \dfrac{H8}{g7}$	用于精密滑动零件或缓慢间歇回转的零件的配合部位
	很小间隙和零间隙	$\dfrac{H6}{g5}\ \dfrac{H6}{h5}\ \left(\dfrac{H7}{h6}\right)\ \left(\dfrac{H8}{h7}\right)\ \dfrac{H8}{h8}\ \left(\dfrac{H9}{h9}\right)\ \dfrac{H10}{h10}$ $\left(\dfrac{H11}{h11}\right)\ \dfrac{H12}{h12}$	用于不同精度要求的一般定位件的配合，以及缓慢移动和摆动零件的配合
过渡配合	绝大部分有微小间隙	$\dfrac{H6}{js5}\ \dfrac{H7}{js6}\ \dfrac{H8}{js7}$	用于易于装拆的定位配合或加紧固件后可传递一定静载荷的配合
	大部分有微小间隙	$\dfrac{H6}{k5}\ \left(\dfrac{H7}{k6}\right)\ \dfrac{H8}{k7}$	用于稍有振动的定位配合。加紧固件可传递一定载荷，装拆方便，可用木锤敲人
	大部分有微小过盈	$\left(\dfrac{H7}{n6}\right)\ \dfrac{H8}{n7}$	用于定位精度较高且能抗振的定位配合，加键可传递较大载荷。可用铜锤敲入或小压力压入
	绝大部分有微小过盈	$\dfrac{H8}{p7}$	用于精确定位或紧密组合件的配合。加键能传递大力矩或冲击性载荷。只在大修时拆卸
	绝大部分有较小过盈	$\dfrac{H6}{n5}\ \dfrac{H6}{p5}\ \left(\dfrac{H7}{p6}\right)\ \dfrac{H6}{r5}\ \dfrac{H7}{r6}\ \dfrac{H8}{r7}$	加键后能传递很大力矩，且承受振动和冲击的配合，装配后不再拆卸
过盈配合	轻型	$\dfrac{H6}{n5}\ \dfrac{H6}{p5}\ \left(\dfrac{H7}{p6}\right)\ \dfrac{H6}{r5}\ \dfrac{H7}{r6}\ \dfrac{H8}{r7}$	用于精确的定位配合。一般不能靠过盈传递力矩。要传递力矩尚需加紧固件
	中型	$\dfrac{H6}{s5}\ \left(\dfrac{H7}{s6}\right)\ \dfrac{H8}{s7}\ \dfrac{H6}{t5}\ \dfrac{H7}{t6}\ \dfrac{H8}{t7}$	不需加紧固件就可传递较小力矩和轴向力。加紧固件后可承受较大载荷或动载荷的配合
	重型	$\left(\dfrac{H7}{u6}\right)\ \dfrac{H8}{u5}\ \dfrac{H7}{v6}$	不需加紧固件就可传递和承受大的力矩和动载荷的配合。要求零件材料有高强度
	特重型	$\dfrac{H7}{x6}\ \dfrac{H7}{y6}\ \left(\dfrac{H7}{z6}\right)$	能传递和承受很大力矩和动载荷的配合，需经试验后方可应用

注：（1）括号内的配合为优先配合；

（2）国家标准规定的44种基轴制配合的应用与本表中的同名配合相同。

2.5.3　配合的选择

当基准制、公差等级确定后，配合的选择就是确定非基准件的公差代号。选择配合的步骤如下。

1. 选择配合类别

根据孔、轴装配后的使用要求选择配合类别。当装配后要求孔与轴有相对运动时，应选择间隙配合；无相对运动并靠过盈传递载荷时，应选择过盈配合；装配后要求定位精度高并需要拆卸时，应选用过渡配合或过盈量较小的过盈配合或间隙量较小的间隙配合。配合的选择方法有三种，即试验法、计算法和类比法。

（1）试验法通过模拟试验和分析选择最佳配合。此方法最为可靠，但成本较高，一般用得比较少。

（2）计算法根据零件的材料、结构、功能的要求以及所需要的极限间隙或极限过盈，按照一定的理论公式，通过计算结果选择或确定配合种类。此方法相对比较科学，较为常用。

（3）类比法参照同类型机器或机构经实践验证合理的配合，结合实际确定配合的方法，该方法应用最广泛。用类比法选择配合时可参考表 2-11。

选择配合时应尽量按照优先、常用、一般顺序去选择，如按此顺序不能满足要求时，才可以选用孔、轴公差带组成的相应配合。

2. 各类配合的特性及应用

各类配合的特性及应用可根据基本偏差来反映。选择时可参考表 2-12 和表 2-13。

表 2-12　基孔制轴的基本偏差的特性及其应用

间隙配合			
基本偏差	a,b,c	d,e,f	g	h
特性及应用说明	可以得到很大的间隙。适用于高温下工作的间隙配合及工作条件较差、受力变形大，或为了便于装配，松弛的大间隙配合	可以得到较大的间隙。适用于松的间隙配合和一般的转动配合	可以得到的间隙很小、制造成本高，除很轻负荷的精密装置外，不推荐用于转动的配合	广泛用于无相对转动与作为一般定位配合的零件。若没有温度变形的影响，也用于精密的滑动配合
应用举例	柴油机气门与导杆的配合 $\frac{H7}{h6}$ $\frac{H7}{c6}$ $\frac{H6}{t5}$	高精度齿轮衬套与轴承套配合 间隙 $\frac{H6}{h5}$ $\frac{H7}{f7}$	钻夹具中钻套和衬套的配合，钻套之间的配合 钻套 衬套 钻模板 $\frac{G7}{}$ $\frac{H7}{g6}$ $\frac{H7}{r6}$	尾座套筒与尾座体之间的配合 $\phi 60 \frac{H6}{h5}$

过渡配合			
基本偏差	js	k	m	n
特性及应用说明	偏差完全对称，平均间隙较小，而且略有过盈的配合，一般用于易于装卸的精密零件的定位配合	平均间隙接近零的配合，用于稍有过盈的定位配合	平均过盈较小的配合。组成的配合定位好，用于不允许游动的精密定位	平均过盈比 m 稍大，很少得到间隙。用于定位要求较高且不宜拆的配合
应用举例	与滚动轴承内、外圈的配合 隔套 K7 js6 $\frac{D10}{js6}$ $\frac{K7}{J11}$	与滚动轴承内、外圈的配合 K6 J7	齿轮与轴的配合 $\frac{H7}{h6}\left(\frac{H7}{m6}\right)$	爪形离合器的配合 固定爪　移动爪 $\frac{H7}{h6}$ $\frac{H8}{h8}\left(\frac{H9}{h9}\right)$

基本偏差	p	r	s	t,u,v,x,y,z
			过盈配合	
特性及应用说明	对钢、铁或钢、钢组件装配时是标准压入配合。对非铁类零件，为轻的压入配合	对铁类零件是中等打人配合，对非铁类零件为轻打入配合。必要时可以拆卸	用于钢和铁制零件的永久性和半永久性装配，可产生相当大的结合力。尺寸较大时，为了避免损坏配合表面，需用热胀法或冷缩法装配	过盈配合依次增大，一般不采用
应用举例	对开轴瓦与轴承座的配合	涡轮与轴的配合	曲柄销与曲拐的配合	联轴器与轴的配合

【例 2-14】 某配合的基本尺寸为 ϕ18mm，要求间隙在（+0.006～+0.035mm）之间，试确定孔和轴的公差等级和配合种类。

解：（1）确定基准制。因为没有特殊要求，所以选基孔制配合（孔的基本偏差代号为H，EI=0）。

（2）确定公差等级。

根据公式（2-22）

$$T_f = |X_{max} - X_{min}| = |+35 - (+6)| = 29 \text{ (μm)}$$
$$T_f = T_h + T_s = 29 \text{ (μm)}$$

根据"工艺等价性"原则：当 IT ≤ 8 时，相互配合的孔的公差等级可以比轴的公差等级低一级。

查表 2-1 的 10～18 段落得

$$\text{IT6+ IT7=29 (μm)}$$

故选孔的公差等级为 IT7=18μm，轴的公差等级为 IT6=11μm。

（3）确定配合种类。因为是基孔制配合，所以孔的公差代号为 H7（ $^{+0.018}_{0}$ ）。

又因为是间隙配合，所以轴的基本偏差应为 es。可知 X_{min} =+6μm。

根据公式（2-7） $X_{min} = \text{EI} - \text{es}$

$\text{es} = \text{EI} - X_{min} = 0 - (+6) = -6 \text{(μm)}$（轴的基本偏差应等于或接近 -6）

查表 2-2 的 14～18 段落，es = -6 的基本偏差代号为 g，轴的公差代号为 g6（ $^{-0.006}_{-0.017}$ ）。

故配合代号为 $\phi 18 \dfrac{H7}{g6}$。

【例 2-15】 设有一基本尺寸为 ϕ110mm 的孔与轴组成配合，为保证连接可靠且过盈不得小于 40μm，并保证装配不发生塑性变形且过盈又不得大于 110μm，若采用基轴制配合，试确定孔、轴公差等级和配合代号。

解：（1）确定基准制。根据已知条件，选基轴制配合，即 es=0。

（2）确定公差等级。

根据公式（2-14）得

$$T_f = |Y_{min} - Y_{max}| = |-40-(-110)| = 70(\mu m)$$

$$T_f = T_h + T_s = 70(\mu m)$$

根据"工艺等价"性原则，孔的精度应比轴低一级。

查表 2-1 的 80～120 段落，IT6+IT7=57μm<70μm（最接近 70μm）。

选择孔为 IT7=35μm，轴为 IT6=22μm

（3）确定配合种类。因为是基轴制配合，所以轴的公差代号应为 h6 ($^{0}_{-0.022}$)，又因为是过盈配合，所以孔的基本偏差应是 ES。根据公式（2-10）$Y_{min} = ES - ei$ 有

$$ES = Y_{min} + ei = -40 + (-22) = -62(\mu m)$$

查表 2-3 得，ES=−66μm（最接近−62μm）的基本偏差代号为 S，孔的公差代号为 S7。孔的另一极限偏差 EI=ES−T_h=−66−35=−101（μm）。

故选配合代号为 $\phi 110 \dfrac{S7}{h6}$。

（4）验算。

$$Y'_{max} = EI - es = 101 - 0 = -101(\mu m) < Y_{max}$$

$$Y'_{min} = ES - ei = -66 - (-22) = -44(\mu m) > Y_{min}$$

因为过盈量在 40-110μm 之间，故符合题意。

表 2-13　优先配合、常用配合

基本偏差		轴或												
		a, A	b,B	c,C	d,D	e,E	f,F	g,G	h, H		js,JS		k,K	
配合特征		间隙配合									过渡配合			
配合种类 基准孔或基准轴		可得到特别大的间隙，用于高温工作。很少用	可得到特大的间隙，用于高温工作。一般少用	可得到很大的间隙，用于高温工作用	具有显著的间隙，适用于松动的配合	有相当的间隙，适用于高速运动，大跨距、多支承的动配合	配合间隙适中，用于一般转速的动配合	配合间隙很小，用于不回转的精密滑动配合	装配后多少有点间隙，但在最大实体状态下间隙为零，一般用于间隙定位配合		为完全对称偏差，平均起来有稍有间隙的过渡配合（约有 20o 的过盈）		平均起来没有间隙的过渡配合（约有 30 写的过盈）	
H6	h5						$\dfrac{H6}{h5}$ $\dfrac{F6}{h5}$	$\dfrac{H6}{g5}$ $\dfrac{G6}{h5}$	$\dfrac{H6}{h5}$ $\dfrac{H6}{h5}$		$\dfrac{H6}{js5}$ $\dfrac{JS6}{h5}$		$\dfrac{H6}{k5}$ $\dfrac{K6}{h5}$	
H7	h6						$\dfrac{H7}{f6}$ $\dfrac{F7}{h6}$	$\dfrac{H7}{g6}$ $\dfrac{G7}{h6}$	$\dfrac{H7}{h6}$	$\dfrac{H7}{h6}$	$\dfrac{H7}{js6}$ $\dfrac{JS7}{h6}$		$\dfrac{H7}{k6}$	$\dfrac{K7}{h6}$
H8	h7					$\dfrac{H8}{e7}$ $\dfrac{E8}{h7}$	$\dfrac{H8}{f7}$ $\dfrac{F8}{h7}$	$\dfrac{H8}{g7}$	$\dfrac{H8}{h7}$	$\dfrac{H8}{h7}$	$\dfrac{H8}{js7}$ $\dfrac{JS8}{h7}$		$\dfrac{H8}{k7}$	$\dfrac{K8}{h7}$
	h8				$\dfrac{H8}{d8}$ $\dfrac{D8}{h8}$	$\dfrac{H8}{e8}$ $\dfrac{E8}{h8}$	$\dfrac{H8}{f8}$ $\dfrac{F8}{h8}$		$\dfrac{H8}{h8}$ $\dfrac{H8}{h8}$					
H9	h9			$\dfrac{H9}{c9}$	$\dfrac{H9}{d9}$ $\dfrac{D9}{h9}$	$\dfrac{H9}{e9}$ $\dfrac{E9}{h9}$	$\dfrac{H9}{f9}$ $\dfrac{F9}{h9}$		$\dfrac{H9}{h9}$	$\dfrac{H9}{h9}$				

基本偏差	轴或									
	a,A	b,B	c,C	d,D	e,E	f,F	g,G	h,H	js,JS	k,K
H10　h10			H10/c10	H10/d10 D10/h10				H10/h10　H10/h10		
H11　H11	H11/a11 A11/h11	H11/b11 B11/h11	H11/c11	C11/h11	H11/d11 D11/h11				H11/h11	H11/h11
H12　h12		H12/b12 B12/h12						H12/h12　H12/h12	H12/h12　B12/h12	
按配合特征、装配方法及其应用分类	液体摩擦情况较差，有紊流。间隙非常大，用于高温工作和很松的转动配合；要求大公差、大间隙的外露组件，要求装配很松的配合		液体摩擦情况尚好，用于精度非主要要求中，有大的温度变动，高转速或大的轴径压力时的自由转动配合		带层流，液体摩擦况良好，配合间隙适中，能保证轴与孔相对旋转时最好的润滑条件	能较好地保持孔轴的同轴度，但无法容纳足够的润滑油，不适于自由转动的配合		用手或木锤装配，是略有过盈的定位配合	用木锤装配，是稍有过盈的定位配合，消除振动时用	用木锤装配，是稍有过盈的定位配合，消除振动时用

m,M	n,M	p,P	r,R	s,S	t,T	u,U	v,V	x,X	y,Y	z,Z
过渡配合										
平均起来具有不大过盈的过渡配合(约有40%～60%的过盈)	平均过盈稍大，很少得到间隙(约有60～84%的过盈)	与H6,H7配合时是真正的过盈配合，但与H8配合时是过渡配合	与H6,H7配合是过盈配合	相对平均过盈为0.0005～0.0018	相对平均过盈为0.00072～0.0018；相对最小过盈0.00026～0.00105	相对平均过盈为0.00095～0.0022；相对最小过盈为0.00038～0.00112	相对平均过盈为0.00137～0.00125；相对最小过盈为0.00125～0.00132	相对平均过盈为0.0017～0.0031；相对最小过盈0.0016～0.0019	相对平均过盈为0.0021～0.0029；相对最小过盈为0.002左右	相对平均过盈为0.0026～0.004；相对最小过盈为0.00244～0.0027
H6/m5 M6/h5	H6/n5　N6/h5	H6/p5　P6/h5	H6/r5　R6/h5	H6/s6 S6/h5	H6/t5　T6/h5					
H7/m6 M7/h6	H7/n6　N7/h6	H7/p6　P7/h6	H7/r6　R7/h6	H7/s6 S7/n6	H7/t6　T7/h6	H7/u6 U7/h6	H7/v6	H7/x6	H7/y6	H7/z6
H8/m7 M8/h6	H8/n7　N8/h7	H8/p7	H8/r7	H8/s7	H8/mt	H8/u7				
用铜锤装配、在最大实体状态时要有相当的压入压力	用铜锤或压力机装配，用于紧密的组合件配合	约有67%～94%的过盈，用压力机装配	属于轻型压入配合，用在传递较小转矩或轴向力时，不需加辅助压力件（较中型压入配合助件小一半左右），若承受冲击载荷，则受变动载荷、振动冲击时需加辅助件	属于中型压入配合，用在传递较小转矩或轴向力时，不需加辅助压力件（较重型压入配合助件小1/3～1/2），若受变动载荷、振动冲击时需加辅助件	属于重型压入配合，用冷缩（轴）的方法装配，能传递大转矩，承受变动载荷、振动和冲击，材料许用应力要大		属特重型压入配合，用热胀（孔套）或冷缩（轴）的方法装配，能传递很大转矩，承受变动载荷、振动和冲击（较重型压入配合大一倍），材料许用应力要相当大			

实践与思考

1．请你判断下列说法的正确性（简单说明理由）。

（1）下偏差为零时，其基本尺寸与最小极限尺寸相等。

（2）上偏差减下偏差等于公差。

（3）基准孔（H）的下偏差为零，基准轴（h）的上偏差为零。

（4）公差值通常为正，特殊情况下也可以为负或零。

（5）最大实体尺寸是孔、轴最大极限尺寸的统称。

（6）相互配合的孔的公差带低于轴的公差带时为过盈配合。

（7）孔的基本偏差为下偏差，轴的基本偏差为上偏差。

（8）零件的实际尺寸越接近基本尺寸，加工精度就越高。

（9）过渡配合可能有间隙或过盈，因此过渡配合可能是间隙配合或过盈配合。

（10）用尺寸公差可以直接判断零件尺寸是否合格。

2．格中给出的数值，计算空格的数值并将其填入空格内。

表 2-14

基本尺寸	最大极限尺寸	最小极限尺寸	上偏差	下偏差	公差/mm
轴 ϕ 15	14.957		−0.032		
孔 ϕ 20			−0.020		0.021
孔 ϕ 30		30.020			0.100
轴 ϕ 50			−0.050	−0.112	

3．已知某一零件尺寸标注为 $\phi30_{0}^{+0.025}$，$T_{h}=0.025mm$，加工后经测量该零件尺寸误差值为 0.020mm，试判断该零件的尺寸是否合格，为什么？

4．设尺寸标注为 $\phi50_{0}^{+0.025}$，分别与尺寸标注为 $\phi50_{-0.041}^{-0.025}$，$\phi50_{+0.017}^{+0.033}$，$\phi50_{+0.043}^{+0.059}$ 的轴组成配合，试计算各种配合的极限间隙、极限过盈及配合公差。说明配合性质，并画出公差带图。

5．根据下列孔、轴的公差代号，通过查表和计算，确定它们的基本偏差及另一偏差。

ϕ 30d8　　　　ϕ 40js6　　　　ϕ 45p6　　　　ϕ 36F7　　　　ϕ 30JS7

ϕ 70R8　　　　ϕ 60T6　　　　ϕ 55M7　　　　ϕ 45K7　　　　ϕ 50J8

6．根据下列配合代号，计算各种配合的极限间隙或极限过盈、平均间隙或平均过盈。画出公差带图，并说明属于什么基准制与配合。

$\phi 30\dfrac{\text{H8}}{\text{f7}}$　　　　　$\phi 45\dfrac{\text{P7}}{\text{h6}}$　　　　　$\phi 50\dfrac{\text{H7}}{\text{js6}}$

7．已知某配合，孔的尺寸标注为 $\phi 30_{0}^{+0.021}$，$X_{max}=+0.054mm$，$T_{f}=0.034mm$。试确定相配合轴的上、下偏差及其公差代号和配合代号。

8．已知基本尺寸为 ϕ 60 的孔与轴组成配合，要求配合具有的过盈在 −0.062～−0.13mm 范围内。试确定此配合、轴的公差代号及配合代号，画出公差带图。

9．已知某配合，其基本尺寸为 $\phi100$mm，要求具有间隙或过盈应在 $-0.048 \sim +0.041$mm 之间，试确定此配合的配合代号。

10．已知某配合孔的尺寸标注为 $\phi20_{0}^{+0.013}$，$X_{max}=+0.011$mm，$T_{f}=0.022$mm，要求确定轴的上、下偏差及其配合代号。

第3章 技术测量基础

3.1 技术测量的基础知识

3.1.1 技术测量的基本概念

在生产和科学试验中，经常要对一些现象和物体进行检测，以对其进行定量或定性的描述。在机械制造中，技术测量主要研究对零件的几何量（包括长度、角度、表面粗糙度、几何形状和相互位置误差等）进行测量和检验，以确定机器或仪器的零部件加工后是否符合设计图样上的技术要求。

所谓测量，是指为确定被测对象的量值而进行的实验过程，即测量是将被测量与测量单位或标准量在数值上进行比较，从而确定两者比值的过程。若以 x 表示被测量，以 E 表示测量单位或标准量，以 q 表示测量值，则有：

$$q = x/E$$

一个完整的几何量测量过程应包括以下四个要素。

（1）被测对象：零件的几何量，包括长度、角度、形状和位置误差、表面粗糙度，以及单键和花键、螺纹和齿轮等典型零件几何参数的测量。

（2）计量单位：几何量中的长度、角度单位。在我国规定的法定计量单位中，长度的基本单位为米（m），其他常用的长度单位有毫米（mm），微米（μm）；平面角的角度单位为弧度（rad）、微弧度（μrad）及度（°）、分（′）、秒（″）。

（3）测量方法：指测量时所采用的测量原理、计量器具和测量条件的综合。一般情况下，多指获得测量结果的方式、方法。

（4）测量精度：指测量结果与真值的一致程度，即测量结果的可靠程度。

在测量技术领域和技术监督工作中，还经常用到检验和检定两个术语。

检验是确定被检几何量是否在规定的极限范围内，从而判断其是否合格的实验过程。检验通常用量规、样板等专用定值无刻度量具来判断被检对象的合格性，所以它不能得到被测量的具体数值。

检定是指为评定计量器具的精度指标是否合乎该计量器具的检定规程的全部过程。例如，用量块来检定千分尺的精度指标等。

3.1.2 测量基准和尺寸传递系统

1. 长度尺寸基准和传递系统

在我国法定计量单位制中，长度的基本单位是米（m）。1983 年第十七届国际计量大会的决议，规定米的定义为：1m 是光在真空中，在 1/299 792 458 s 的时间间隔内的行程长度。国际计量大会推荐用稳频激光辐射来复现它，1985 年 3 月起，我国用碘吸收稳频的 0.633μm 氦氖激光辐射波长作为国家长度基准，其频率稳定度为 1×10^{-9}，国际上少数国家已将频率稳定

度提高到 10^{-14}，我国于 20 世纪 90 年代初采用单粒子存贮技术，已达到将辐射频率稳定度提高到 10^{-17} 的水平。

在实际生产和科学研究中，不可能都直接利用激光辐射的光波长度基准去校对测量器具或进行零件的尺寸测量。通常要经过工作基准——线纹尺和量块，将长度基准的量值准确地逐级传递到生产中应用的计量器具和零件上去，以保证量值的准确一致。长度量值传递系统如图 3-1 所示。

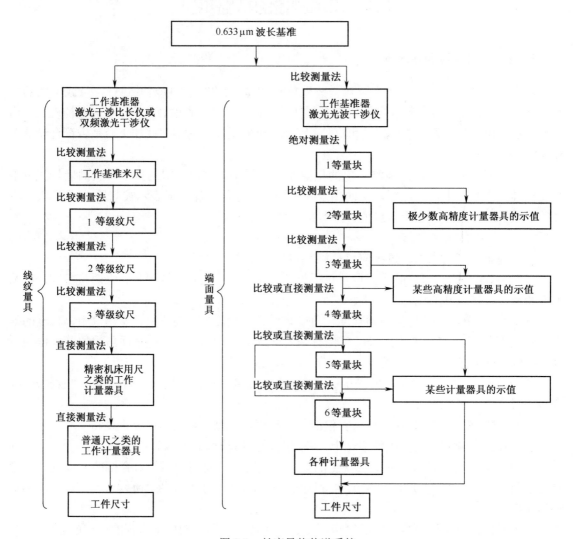

图 3-1　长度量值传递系统

2. 角度尺寸基准和传递系统

角度计量也属于长度计量范畴，弧度可用长度比值求得，一个圆周角定义为 360°，因此角度不必再建立一个自然基准。但在实际应用中，为了稳定和测量的需要，仍然必须要建立角度量值基准以及角度量值的传递系统。以往，常以角度量块作基准，并以它进行角度量值的传递；近年来，随着角度计量要求的不断提高，出现了高精度的测角仪和多面棱体。角度量值传递系统如图 3-2 所示。

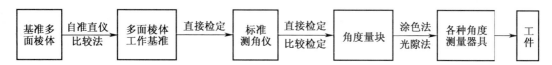

图 3-2 角度量值传递系统

3. 量块

量块是一种无刻度的标准端面量具。其制造材料多为特殊合金钢，形状主要是长方体结构，六个平面中有两个互相平行的极为光滑平整的测量面，两测量面之间具有精确的工作尺寸。量块主要用作尺寸传递系统中的中间标准量具，或在相对法测量时作为标准件调整仪器的零位，也可以用它直接测量零件，如图 3-3 所示。

（1）量块的尺寸。量块长度是其一个测量面上任意一点（距边缘 0.5mm 区域除外）到与另一个测量面相研合的平晶表面的垂直距离。测量面上中心点的量块长度 L 为量块的中心长度，如图 3-4 所示。量块上标出的数字为量块长度的标称值，称为标称长度。尺寸<6mm 的量块，长度标记刻在测量面上；尺寸≥6mm 的量块，长度标记刻在非测量面上，且该表面的左右侧面为测量面。

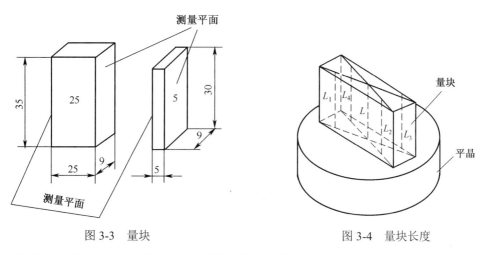

图 3-3 量块   图 3-4 量块长度

量块按一定的尺寸系列成套生产，国家量块标准中规定了 17 种成套的量块系列，表 3-1 为从标准中摘录的几套量块的尺寸系列。

表 3-1 成套量块的尺寸

套别	总块数	级别	尺寸系列/mm	间隔/mm	块数
2	83	00，0，1，2，（3）	0.5	—	1
			1	—	1
			1.005	—	1
			1.01，1.02，…，1.49	0.01	49
			1.5，1.6，…，1.9	0.1	5
			2.0，2.5，…9.5	0.5	16
			10，20，…100	10	10

续表

套别	总块数	级别	尺寸系列/mm	间隔/mm	块数
3	46	0，1，2	1	—	1
			1.001，1.002，…，1.009	0.001	9
			1.01，1.02，…，1.09	0.01	9
			1.1，1.2，…，1.9	0.1	9
			2，3，…，9	1	8
			10，20，…，100	10	10
5	10	00，0，1	0.991，0.992，…，1	0.001	10
6	10	00，0，1	1，1.001，…，1.009	0.001	10

注：带（）的等级，根据定货供应。

在组合量块尺寸时，为获得较高的尺寸精度，应力求以最少的块数组成所需的尺寸。例如，需组成尺寸为 38.965mm，若使用 83 块一套的量块，参考表 3-1，可按如下步骤选择量块尺寸。

$$38.965 \quad\cdots\cdots\cdots\cdots\quad 需要的量块尺寸$$
$$\underline{-1.005} \quad\cdots\cdots\cdots\cdots\quad 第一块量块尺寸$$
$$37.96$$
$$\underline{-1.46} \quad\cdots\cdots\cdots\cdots\quad 第二块量块尺寸$$
$$36.5$$
$$\underline{-6.5} \text{---} \quad\quad\quad 第三块量块尺寸$$
$$30 \quad\cdots\cdots\cdots\cdots\quad 第四块量块尺寸$$

（2）量块的精度。GB6093-85 将量块的制造精度从高到低分为 00、0、1、2、3 和标准级 K 六个级别。量块的分级主要是按量块中心长度的极限偏差、长度变动量（量块长度的最大值与最小值之差）允许值、量块测量面的平面度、粗糙度及量块的研合性等质量指标划分的。各级量块长度的极限偏差和长度变动量的允许值见表 3-2。

表 3-2　各级量块的精度指标

标称长度 /mm	00 级		0 级		K 级		1 级		2 级		3 级	
	①	②	①	②	①	②	①	②	①	②	①	②
	/μm											
≤10	0.06	0.05	0.12	0.10	0.20	0.05	0.20	0.16	0.45	0.30	1.0	0.50
>10～25	0.07	0.05	0.14	0.10	0.30	0.05	0.30	0.16	0.30	1.2	0.50	0.50
>25～50	0.10	0.06	0.20	0.10	0.40	0.06	0.40	0.18	0.80	0.30	1.6	0.55
>50～750	0.12	0.06	0.25	0.12	0.50	0.06	0.50	0.18	1.00	0.35	2.0	0.55
>75～100	0.14	0.07	0.30	0.12	0.60	0.07	0.60	0.20	1.20	0.35	2.5	0.60
>100～150	0.20	0.08	0.40	0.14	0.80	0.08	0.80	0.20	1.60	0.4	3.0	0.65
>150～200	0.25	0.09	0.50	0.16	1.00	0.09	1.00	0.25	2.00	0.4	4.0	0.70
>200～250	0.30	0.10	0.60	0.16	1.20	0.10	1.20	0.25	2.40	0.45	3.0	0.75

注：①量块长度的极限偏差（±）；②长度变动量允许值。

量块按检定精度由高到低分为 1～6 六等。量块的分等主要是根据量块中心长度的测量极限误差、平面平行性允许偏差和研合性等指标划分的。各等量块中心长度测量的极限偏差及平面平行性允许偏差见表 3-3。

表 3-3 各等量块的精度指标

标称长度 /mm	1 等		2 等		3 等		4 等		5 等		6 等	
	①	②	①	②	①	②	①	②	①	②	①	②
	/μm											
≤10	0.02	0.05	0.06	0.10	0.11	0.16	0.22	0.30	0.6	0.5	2.1	0.5
>10～25	0.02	0.05	0.07	0.10	0.12	0.16	0.25	0.30	0.6	0.5	2.3	0.5
>25～50	0.03	0.06	0.08	0.10	0.15	0.18	0.30	0.30	0.8	0.55	2.6	0.55
>50～75	0.04	0.06	0.09	0.12	0.18	0.18	0.35	0.35	0.9	0.55	2.9	0.55
>75～100	0.04	0.07	0.10	0.12	0.20	0.20	0.40	0.35	1.0	0.6	3.2	0.6
>100～150	0.05	0.08	0.12	0.14	0.25	0.20	0.50	0.40	1.2	0.65	3.8	0.65
>150～200	0.06	0.09	0.15	0.16	0.30	0.25	0.60	0.40	1.5	0.7	4.4	0.7
>200～250	0.07	0.10	0.18	0.16	0.35	0.25	0.70	0.45	1.8	0.75	5.0	0.75

注：①测量的总不确定度（±）；②长度变动量允许值。

（3）量块的使用和检验　量块的使用方法可分为按级使用和按等使用。

量块按级使用时，是以量块的标称长度为工作尺寸，即不计量块的制造误差和磨损误差，但它们将被引入到测量结果中，使测量精度受到影响，但因不需要加修正值，因此使用方便。

量块按等使用时，是用量块经检定后所给出的实际中心长度尺寸作为工作尺寸。例如，某一标称长度为 10mm 的量块，经检定，其实际中心长度与标称长度之差为-0.3μm，则中心长度为 9.997mm。这样就消除了量块制造误差的影响，提高了测量精度。但是，在检定量块时，不可避免地存在一定的测量方法误差，它将作为测量误差而被引入到测量结果中。

3.1.3　计量器具和测量方法

1. 计量器具

（1）计量器具的分类。测量仪器和测量工具统称为计量器具，按其原理、结构特点及用途可分为基准量具、通用计量器具、极限量规、检验夹具。

1）基准量具。用来校对或调整计量器具，或作为标准尺寸进行相对测量的量具称为基准量具。如量块等。

2）通用计量器具。能将被测量转换成可直接观测的指示值或等效信息的测量工具。按其工作原理可分类如下：

① 游标类量具，如游标卡尺、游标高度尺等。

② 螺旋类量具，如千分尺、公法线千分尺等。

③ 机械式量仪，如百分表、千分表、齿轮杠杆比较仪、扭簧比较仪等。

④ 光学量仪，如光学计、光学测角仪、光栅测长仪、激光干涉仪等。

⑤ 电动量仪，如电感比较仪、电动轮廓仪、容栅测位仪等。

⑥ 气动量仪，如水柱式气动量仪、浮标式气动量仪等。

⑦ 微机化量仪，如微机控制的数显万能测长仪和三坐标测量机等。

3）极限量规。一种没有刻度的专用检验工具，如塞规、卡规、螺纹量规、功能量规等。

4）检验夹具。也是一种专用的检验工具，它在和相应的计量器具配套使用时，可方便地检验出被测件的各项参数。如检验滚动轴承用的各种检验夹具，可同时测出轴承套圈的尺寸及径向或端度面跳动等。

（2）计量器具的度量指标。它是表征计量器具的性能和功用的指标，也是选择和使用计量器具的依据。

① 分度值（i）。计量器具刻尺或度盘上相邻两刻线所代表的量值之差。例如：千分尺的分度值 $i=0.01\text{mm}$。分度值是量仪能指示出被测件量值的最小单位。对于数字显示仪器的分度值称为分辨率，它表示最末一位数字间隔所代表的量值之差。

② 刻度间距（a）。量仪刻度尺或度盘上两相邻刻线的中心距离，通常 a 值取 1～1.25mm。

③ 示值范围（b）。计量器具所指示或显示的最低值到最高值的范围。

④ 测量范围（B）。在允许误差限内，计量器具所能测量零件的最低值到最高值的范围。

⑤ 灵敏度（K）。计量器具对被测量变化的反应能力。若用 $\triangle L$ 表示被观测变量的增量，用 $\triangle X$ 表示被测量的增量，则 $K=\triangle L/\triangle X$。

⑥ 灵敏限（灵敏阈）。能引起计量器具示值变化的、被测量的最小值。

⑦ 测量力。测量过程中，计量器具与被测表面之间的接触力。在接触测量中，希望测量力是一定量的恒定值。测量力太大会使零件产生变形，测量力不恒定会使示值不稳定。

⑧ 示值误差。计量器具示值与被测量真值之间的差值。

⑨ 示值变动性。在测量条件不变的情况下，对同一被测量进行多次重复测量时，其读数的最大变动量。

⑩ 回程误差。在相同测量条件下，对同一被测量进行往返两个方向测量时，量仪的示值变化。

⑪ 不确定度。在规定条件下测量时，由于测量误差的存在，对测量值不能肯定的程度。计量器具的不确定度是一项综合精度指标，它包括测量仪的示值误差、示值变动性、回程误差、灵敏限以及调整标准件误差等综合影响。

2. 测量方法及其分类

（1）按测得示值方式的不同分为绝对测量和相对测量。

1）绝对测量。在计量器具的读数装置上可表示出被测量的全值。例如，用千分尺或测长仪测量零件直径或长度，其实际尺寸由刻度尺直接读出。

2）相对测量。在计量器具的读数装置上只表示出被测量相对已知标准量的偏差值。例如用量块（或标准件）调整比较仪的零位，然后再换上被测件，则比较仪所指示的是被测件相对于标准件的偏差值。

（2）按测量结果获得方法的不同分为直接测量和间接测量。

1）直接测量。用计量器具直接测量被测量的数值或相对于标准量的偏差。例如，用千分尺测轴径，用比较仪和标准件测轴径等。

2）间接测量。测量与被测量有函数关系的其他量，再通过函数关系式求出被测量。例如，求某圆弧样板的劣弧（通常把小于半圆的圆弧称为劣弧）半径 R，可通过测量其弦高 h 和弦长 s，按下式求出 R：

$$R = \frac{s^2}{8h} + \frac{h}{2}$$

（3）按同时测量被测参数的数量可分为单项测量和综合测量。

1）单项测量。对被测件的个别参数分别进行测量。例如，分别测量螺纹的中径、螺距和牙型半角等。

2）综合测量。同时检测工件上的几个有关参数，综合判断工件是否合格。例如，用螺纹量规检验螺纹作用中径的合格性（综合检验其中径、螺距和牙型半角误差对合格性的影响）。

此外，按被测量在测量过程中所处的状态可分为静态测量和动态测量；按被测表面与量仪间是否有机械作用的测量力可分为接触测量与不接触测量；按测量过程中决定测量精度的因素或条件是否相对稳定可分为等精度测量和不等精度测量等。

3.2 测量误差及数据处理

3.2.1 测量误差及其产生的原因

1. 测量误差 δ

测量误差是测得值与被测量真值之差。若以 X 表示测量结果，Q 表示真值，则有

$$\delta = X - Q \tag{3-1}$$

一般说来，被测量的真值是不知道的。在实际测量时，常用相对真值或不存在系统误差的情况下多次测量的算术平均值来代替真值使用。

由式（3-1）所定义的测量误差又称为绝对误差，由于 X 可能大于或小于 Q，故上式可表示为：

$$Q = X \pm \delta \tag{3-2}$$

显然式（3-2）反映测得值偏离真值大小的程度。δ 愈小，X 愈接近 Q，测量的准确度愈高。而对不同尺寸的测量准确度，则需用相对误差来评定。

相对误差 ε 为测量的绝对误差的绝对值与被测量真值之比，常用百分数表示。即：

$$\varepsilon = \frac{\delta}{Q} \times 100\% \approx \frac{\delta}{X} \times 100\% \tag{3-3}$$

2. 测量误差产生的原因

（1）测量器具误差。由测量器具的设计、制造、装配和使用调整的不准确而引起的误差。如测量器具的设计偏离阿贝原则（将标准长度量安放在被测长度量的延长线上的原则）、分度盘安装偏心等。

（2）基准件误差。作为标准量的基准件本身存在的误差，如量块的制造误差等。

（3）测量方法误差。由于测量方法不完善（包括计算公式不精确、测量方法选择不当、测量时定位装夹不合理）所产生的误差。

（4）环境条件引起的误差。测量时的环境条件不符合标准条件所引起的误差，如温度、湿度、气压、照明等不符合标准，以及计量器具或工件上有灰尘、测量时有振动等引起的误差。

（5）人为误差。人为原因所引起的误差。如测量人员技术不熟练、视力分辨能力差、估读判断不准等引起的误差。

总之，产生测量误差的原因很多，在分析误差时，应找出产生测量误差的主要原因，采

取相应的措施消除或减少其对测量结果的影响，以保证测量结果的精度。

3.2.2　测量误差分类与处理

测量误差按其性质可分为随机误差、系统误差和粗大误差三类。

1. 随机误差及其评定

随机误差。在相同测量条件下，多次测量同一量值时，误差的绝对值和符号以不可预定的方式变化的误差。

随机误差的产生是由测量过程中各种随机因素引起的，例如，测量过程中，温度的波动、振动、测力不稳以及观察者的视觉等。随机误差的数值通常不大，虽然某一次测量的随机误差大小、符号不能预料，但是进行多次重复测量，对测量结果进行统计、预算，就可以看出随机误差符合一定的统计规律。

（1）随机误差的分布规律和特性。大量测量实践的统计分析表明，随机误差的分布曲线多呈正态分布，正态分布曲线如图 3-5 所示。由此可归纳出随机误差具有以下几个分布特性：

1）单峰性。绝对值小的误差比绝对值大的误差出现的概率大。

2）对称性。绝对值相等的正、负误差出现的概率相等。

3）有界性。在一定的测量条件下，随机误差的绝对值不会超过一定界限。

4）抵偿性。随着测量次数的增加，随机误差的算术平均值趋于零。

（2）随机误差的评定。

正态分布曲线的数学表达式为

$$y = \frac{1}{\sigma\sqrt{2\pi}}e^{-\frac{\delta^2}{2\sigma^2}} \tag{3-4}$$

式中：y——概率密度；

　　　δ——随机误差；

　　　σ——标准偏差。

由图 3-5 可见，当 $\delta = 0$ 时，概率密度最大，且有 $y_{max} = \dfrac{1}{\sigma\sqrt{2\pi}}$，概率密度的最大值 y_{max} 与标准偏差 σ 成反比，即 σ 越小，y_{max} 越大，分布曲线越陡峭，测得值越集中，测量精度越高；反之，σ 越大，y_{max} 越小，分布曲线越平坦，测得值越分散，测量精度越低。图 3-6 为三种标准偏差的分布曲线，$\sigma 1 < \sigma 2 < \sigma 3$。所以标准偏差 σ 表征了随机误差的分散程度，也就是测量精度的高低。

标准偏差 σ 和算术平均值 $\bar{x}$ 也可通过有限次的等精度测量实验求出，其计算式为

$$\sigma = \sqrt{\frac{\sum\limits_{i=1}^{n}(x_i - \bar{x})^2}{n-1}} \tag{3-5}$$

$$\bar{x} = \frac{1}{n}\sum_{i=1}^{n}x_i \tag{3-6}$$

式中：x_i——某次测量值；

　　　$\bar{x}$——n 次测量的算术平均值；

　　　n——测量次数（一般 n 取 10～20）。

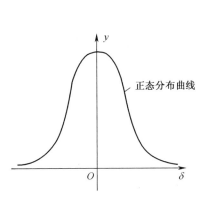

图 3-5　正态分布曲线

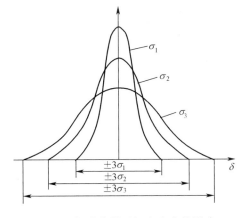

图 3-6　标准偏差对概率密度的影响

由概率论可知，全部随机误差的概率之和为 1，即

$$P = \int_{-\infty}^{+\infty} y \mathrm{d}\delta = \frac{1}{\sigma\sqrt{2\pi}} \int_{-\infty}^{+\infty} e^{-\frac{\delta^2}{2\sigma^2}} \mathrm{d}\delta = 1 \qquad (3\text{-}7)$$

随机误差出现在区间（$-\delta$, $+\delta$）内的概率为

$$P = \frac{1}{\sigma\sqrt{2\pi}} \int_{-\delta}^{+\delta} e^{-\frac{\delta^2}{2\sigma^2}} \mathrm{d}\delta$$

若令 $t = \dfrac{\delta}{\sigma}$，则 $\mathrm{d}t = \dfrac{\mathrm{d}\delta}{\sigma}$，于是有：

$$P = \frac{1}{\sqrt{2\pi}} \int_{-t}^{+t} e^{\frac{-t^2}{2}} \mathrm{d}t = \frac{2}{\sqrt{2\pi}} \int_{0}^{t} e^{-\frac{t^2}{2}} \mathrm{d}t = 2\varphi(t)$$

式中：

$$\varphi(t) = \frac{1}{\sqrt{2\pi}} \int_{0}^{t} e^{-\frac{t^2}{2}} \mathrm{d}t \qquad (3\text{-}8)$$

$\varphi(t)$ 称为拉普拉斯函数。表 3-4 为从 $\varphi(t)$ 表中查得的 4 个特殊 t 值对应的概率。

表 3-4　拉普拉斯函数表

t	$\delta = \pm t\sigma$	不超出 $|\delta|$ 的概率 $P = 2\varphi(t)$	超出 $|\delta|$ 的概率 $\alpha = 1-2\varphi(t)$
1	1σ	0.6826	0.3174
2	2σ	0.9544	0.0456
3	3σ	0.9973	0.0027
4	4σ	0.99936	0.00064

在仅存在符合正态分布规律的随机误差的前提下，如果用某仪器对被测工件只测量一次，或者虽然测量了多次，但任取其中一次作为测量结果，我们可认为该单次测量结果 x_i 与被测量真值 Q（或算术平均值 $\bar{x}$）之差不会超过 $\pm3\sigma$ 的概率为 99.73%，而超出此范围的概率只有 0.27%。因此，通常我们把相应于置信概率 99.73% 的 $\pm3\sigma$ 作为测量极限误差，即

$$\delta_{\mathrm{lim}} = \pm3\sigma \qquad (3\text{-}9)$$

为了减小随机误差的影响，可以采用多次测量并取其算术平均值作为测量结果，显然，算术平均值 $\bar{x}$ 比单次测量 x_i 更加接近被测量真值 Q，但 $\bar{x}$ 也具有分散性，不过它的分散程度比 x_i 的分散程度小，用 $\sigma_{\bar{x}}$ 表示算术平均值的标准偏差，其数值与测量次数 n 有关，即

$$\sigma_{\bar{x}} = \frac{\sigma}{\sqrt{n}} \tag{3-10}$$

若以多次测量的算术平均值 $\bar{x}$ 表示测量结果，则 $\bar{x}$ 与真值 Q 之差不会超过 $\pm 3\sigma_{\bar{x}}$，即

$$\delta_{\lim \bar{x}} = \pm 3\sigma_{\bar{x}} \tag{3-11}$$

例 3-1   在某仪器上对某零件尺寸进行 10 次等精度测量，得到表 3-5 所示的测量值 x_i。已知测量中不存在系统误差，试计算测量列的标准偏差 σ、算术平均值的标准偏差 $\sigma_{\bar{x}}$，并分别给出以单次测量值作为结果和以算术平均值作为结果的精度。

表 3-5   测量数据

测量序号 i	测量值 x_i/mm	$x_i - \bar{x}$ /μm	$(x_i - \bar{x})^2$ /μm²
1	40.008	+1	1
2	40.004	-3	9
3	40.008	+1	1
4	40.009	+2	4
5	40.007	0	0
6	40.008	+1	1
7	40.007	0	0
8	40.006	-1	1
9	40.008	+1	1
10	40.005	-2	4
	$\bar{x} = \dfrac{1}{10}\displaystyle\sum_{i=1}^{10} x_i = 40.007$	$\displaystyle\sum_{i=1}^{10}(x_i - \bar{x}) = 0$	$\displaystyle\sum_{i=1}^{10}(x_i - \bar{x})^2 = 22$

解   由式（3-5）、（3-6）、（3-10）得测量列的算术平均值、标准偏差和算术平均值的标准偏差分别为

$$\bar{x} = \frac{1}{10}\sum_{i=1}^{10} x_i = 40.007\text{mm}$$

$$\sigma = \sqrt{\frac{\displaystyle\sum_{i=1}^{n}(x_i - \bar{x})^2}{n-1}} = \sqrt{\frac{22}{10-1}} \approx 1.6\text{μm}$$

$$\sigma_{\bar{x}} = \frac{\sigma}{\sqrt{n}} = \frac{1.6}{\sqrt{10}} \approx 0.5\text{μm}$$

因此，以单次测量值作为结果的精度为 $\pm 3\sigma \approx \pm 5\text{μm}$。

以算术平均值作结果的精度为 $\pm 3\sigma_{\bar{x}} \approx \pm 1.5\text{μm}$。

所以，该零件的最终测量结果表示为：$x = \bar{x} \pm 3\sigma_{\bar{x}} = (40.007 \pm 0.0015)\text{mm}$。

2. 系统误差及其消除

系统误差：在相同测量条件下，多次重复测量同一量值，测量误差的大小和符号保持不变或按一定规律变化的误差。

系统误差可分为定值的系统误差和变值的系统误差，前者如千分尺的零位不正确引起的误差；后者如在万能工具显微镜（简称万工显）上测量长丝杠的螺距误差时，由于温度有规律地升高而引起丝杠长度变化的误差。对这两种数值大小和变化规律已被确切掌握了的系统误差，也叫做已定系统误差。对于不易确切掌握误差大小和符号，但是可以估计其数值范围的误差，叫做未定系统误差。例如，万工显的光学刻线尺的误差为 $\pm(1+L/200)\mu m$，（L 是以 mm 为单位的被测件长度）。测量时，若对刻线尺的误差不作修正，则该项误差可视为未定系统误差。

在实际测量中，应设法避免产生系统误差。如果难以避免，则应设法加以消除或减小系统误差。消除和减小系统误差的方法有以下几种。

（1）从产生系统误差的根源消除。这是消除系统误差的最根本方法。例如调整好仪器的零位，正确选择测量基准，保证被测零件和仪器都处于标准温度条件等。

（2）用加修正值的方法消除。对于标准量具或标准件以及计量器具的刻度，都可事先用更精密的标准件检定其实际值与标准值的偏差，然后将此偏差作为修正值在测量结果中予以消除。例如：按等使用量块，按修正值使用测长仪的读数，测量时温度偏离标准温度而引起的系统误差也可以计算出来。

（3）用两次读数法消除。若用两种测量法测量，产生的系统误差的符号相反，大小相等或相近，则可以用这两种测量方法测得值的算术平均值作为结果，从而消除系统误差。例如，用水平仪测量某一平面倾角，由于水平仪气泡原始零位不准确而产生的系统误差为正值，若将水平仪调头再测一次，则产生系统误差为负值，且大小相等，因此可取两次读数的算术平均值作为结果。

（4）利用被测量之间的内在联系消除。有些被测量的测量值之间存在必然的关系。例如，多面棱体的各角度之和为封闭的，即 360°，因此在用自准仪检定其角度时，可根据其角度之和为 360°这一封闭条件，消除检定中的系统误差；又如，在用齿距仪按相对法测量齿轮的齿距累积误差时，可根据齿轮从第 1 个齿距误差累积到最后 1 个齿距误差时，其累积误差应为零这一关系，来修正测量时的系统误差。

3. 粗大误差及其剔除

粗大误差（也称过失误差）。超出在规定条件下预期的误差。

粗大误差的产生是由于某些不正常的原因造成的。例如，测量者的粗心大意、测量仪器和被测件的突然振动，以及读数或记录错误等。由于粗大误差一般数值较大，它会显著地歪曲测量结果，因此它是不允许存在的。若发现有粗大误差，则应按一定准则加以剔除。

发现和剔除粗大误差的方法，通常是用重复测量或者改用另一种测量方法加以核对。对于等精度多次测量值，判断和剔除粗大误差较简便的方法是按 3σ 准则。所谓 3σ 准则，即在测量列中，凡是测量值与算术平均值之差（也叫剩余误差）的绝对值大于标准偏差 σ 的 3 倍，即认为该测量值具有粗大误差，即应从测量列中将其剔除。例如，在例 3-1 中，已求得该测量列的标准偏差 $\sigma=1.6\mu m, 3\sigma=4.8\mu m$。可以看出 10 次测量的剩余误差 $x_i-\bar{x}$ 值均不超过 $4.8\mu m$，则说明该测量列中没有粗大误差。倘若某测量值的剩余误差 $x_i-\bar{x}>4.8\mu m$，则应视为粗大误差而将其剔除。

4. 测量精度的分类

系统误差与随机误差的区别及其对测量结果的影响，可以进一步以打靶为例加以说明。如图 3-7 所示，圆心为靶心，图（a）表现为弹着点密集但偏离靶心，说明随机误差小而系统误差大；图（b）表示弹着点围绕靶心分布，但很分散，说明系统误差小而随机误差大；图（c）表示弹着点既分散又偏离靶心，说明随机误差与系统误差都大；图（d）表示弹着点既围绕靶心分布且弹着点又密集，说明系统误差与随机误差都小。

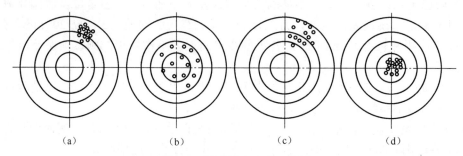

（a）　　　　　　（b）　　　　　　（c）　　　　　　（d）

图 3-7　测量精度分类示意图

根据上述概念，在测量领域中可把精度进一步分类为：

（1）精密度。表示测量结果中随机误差的影响程度。若随机误差小，则精密度高。

（2）正确度。表示测量结果中系统误差的影响程度。若系统误差小，则正确度高。

（3）准确度（也称精确度）。表示测量结果中随机误差和系统误差综合的影响程度。若随机误差和系统误差都小，则准确度高。

由上述分析可知，图 3-7（a）为精密度高而正确度低；图 3-7（b）为正确度高而精密度低；图 3-7（c）为精密度与正确度都低；图 3-7（d）为精密度与正确度都高，因而准确度也高。

3.2.3　测量误差合成

对于较重要的测量，不但要给出正确的测量结果，而且还应给出该测量结果的准确程度，亦即给出测量方法的极限误差（$\delta_{\lim}$）。对于一般的简单测量，可从仪器的使用说明书或检定规程中查得仪器的测量不确定度，以此作为测量极限误差。而对于一些较复杂的测量，或对于专门设计的测量装置，没有现成的资料可查，只能分析测量误差的组成项并计算其数值，然后按一定方法综合成测量方法的极限误差，这个过程叫做测量误差的合成。测量误差的合成包括两类：直接测量法测量误差的合成和间接测量法测量误差的合成。

1. 直接测量法

直接测量法的测量误差主要来源有仪器误差、测量方法误差、基准件误差等，这些误差都称为测量总误差的误差分量。这些误差按其性质区分，既有已定系统误差，又有随机误差和未定系统误差，通常它们可以按下列方法合成。

（1）已定系统误差按代数和法合成，即

$$\delta_x = \delta_{x1} + \delta_{x2} + \ldots \delta_{xn} = \sum_{i=1}^{n} \delta_{xi} \qquad (3-12)$$

式中，δ_{xi} 为各误差分量的系统误差。

（2）对于符合正态分布、彼此独立的随机误差和未定系统误差，按方根法合成，即

$$\delta_{\lim} = \pm\sqrt{\delta_{\lim 1}{}^2 + \delta_{\lim 2}{}^2 + \ldots + \delta_{\lim n}{}^2} = \pm\sqrt{\sum_{i=1}^{n}\delta_{\lim i}} \tag{3-13}$$

式中，$\delta_{\lim i}$ 为各误差分量的随机误差或未定系统误差。

2. 间接测量法

间接测量是被测的量 y 与直接测量的量 x_1、$x_2 \cdots$、x_n 有一定的函数关系：

$$y = f(x_1 、x_2、\ldots x_n)$$

当测量值 x_1、$x_2 \cdots$、x_n 有系统误差 δ_{x1}、$\delta_{x2} \cdots$、δ_{xn} 时，则函数 y 有测量误差 δ_y。且

$$\delta_y = \frac{\partial f}{\partial x_1}\delta_{x1} + \frac{\partial f}{\partial x_2}\delta_{x2} + \ldots \frac{\partial f}{\partial x_n}\delta_{xn} \tag{3-14}$$

当测量值 x_1、$x_2 \cdots$、x_n 有随机误差 $\delta_{\lim xi}$ 时，则函数也必然存在随机误差 $\delta_{\lim y}$。且

$$\delta_{\lim y} = \pm\sqrt{\sum_{i=1}^{n}(\frac{\partial f}{\partial x_i})^2\delta_{\lim xi}{}^2} \tag{3-15}$$

例 3-2　图 3-8 为用三针测量螺纹的中径 d_2，其函数关系式为：$d_2 = M - 1.5d_0$，已知测得值 $M = 16.31\text{mm}$，$\delta_M = +30\mu\text{m}$，$\delta_{\lim M} = \pm 8\mu\text{m}$，$d_0 = 0.866\text{mm}$，$\delta_{d_0} = -0.2\mu\text{m}$，$\delta_{\lim d_0} = \pm 0.1\mu\text{m}$，试求单一中径 d_2 的值及其测量极限误差。

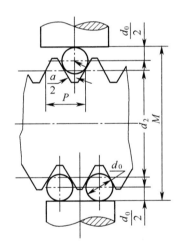

图 3-8　三针法测中径

解：
$$d_2 = M - 1.5d_0 = 16.31 - 1.5\times0.866 = 15.011(\text{mm})$$

① 求函数的系统误差

$$\delta_{d_2} = \frac{\partial f}{\partial M}\delta_M + \frac{\partial f}{\partial d_0}\delta_{d_0} = 1\times0.03 - 1.5\times(-0.0002) \approx 0.03(\text{mm})$$

② 求函数的测量极限误差

$$\delta_{\lim d_2} = \pm\sqrt{(\frac{\partial f}{\partial M})^2\delta_{\lim M}{}^2 + (\frac{\partial f}{\partial d_0})^2\delta_{\lim d_0}{}^2} = \pm\sqrt{1\times8^2 + (-1.5)^2\times0.1^2} \approx \pm 8(\mu\text{m})$$

③ 测量结果

$$(d_2 - \delta d_2) \pm \delta_{\lim d_2} = (15.011 - 0.03) \pm 0.008 = 14.981 \pm 0.008(\text{mm})$$

3.3 用普通测量器具检测

用普通计量器具测量工件应参照国家标准 GB/T 3177－1997 进行。该标准适用于车间用的计量器具（游标卡尺、千分尺和分度值不小于 0.5μm 的指示表和比较仪等），主要用以检测基本尺寸至 500mm、公差等级为 IT6～IT18 的光滑工件尺寸，也适用于对一般公差尺寸的检测。

1. 尺寸误检的基本概念

由于各种测量误差的存在，若按零件的最大、最小极限尺寸验收，当零件的实际尺寸处于最大、最小极限尺寸附近时，有可能将本来处于零件公差带内的合格品判为废品，或将本来处于零件公差带以外的废品误判为合格品，前者称为误废，后者称为误收。误废和误收是尺寸误检的两种形式。

2. 验收极限与安全裕度（A）

国家标准规定的验收原则是：所用验收方法应只接收位于规定的极限尺寸之内的工件。为了保证这个验收原则的实现，保证零件达到互换性要求，因而规定了验收极限。

验收极限是指检测工件尺寸时判断合格与否的尺寸界限。国家标准规定，验收极限可以按照下列两种方法之一确定。

方法 1：验收极限是从图样上标定的最大极限尺寸和最小极限尺寸分别向工件公差带内移动一个安全裕度 A 来确定，如图 3-9 所示。

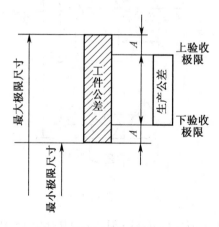

图 3-9   验收极限与安全裕度

即：
$$上验收极限尺寸=最大极限尺寸-A$$
$$下验收极限尺寸=最小极限尺寸+A$$

安全裕度 A 由工件公差 T 确定，A 的数值一般取工件公差的 1/10，其数值可由表 3-6 查得。

由于验收极限向工件的公差带之内移动，为了保证验收时合格，在生产时不能按原有的极限尺寸加工，应按由验收极限所确定的范围生产，这个范围称为"生产公差"。

方法 2：验收极限等于图样上标定的最大极限尺寸和最小极限尺寸，即安全裕度 A 值为零。

表 3-6　安全裕度（A）与计量器具的测量不确定度允许值（u_1）　　　　　　（μm）

公差等级		IT6					IT7					IT8					IT9				
基本尺寸/mm		T	A	u1			T	A	u1			T	A	u1			T	A	u1		
大于	至			I	II	III			I	II	III			I	II	III			I	II	III
—	3	6	0.6	0.54	0.9	1.4	10	1.0	0.9	1.5	2.3	14	1.4	1.3	2.1	3.2	25	2.5	2.3	3.8	5.6
3	6	8	0.8	0.72	1.2	1.8	12	1.2	1.1	1.8	2.7	18	1.8	1.6	2.7	4.1	30	3.0	2.7	4.5	6.8
6	10	9	0.9	0.81	1.4	2.0	15	1.5	1.4	2.3	3.4	22	2.2	2.0	3.3	5.0	36	3.6	3.3	5.4	8.1
10	18	11	1.1	1.0	1.7	2.5	18	1.8	1.7	2.7	4.1	27	2.7	2.4	4.1	6.1	43	4.3	3.9	6.5	9.7
18	30	13	1.3	1.2	2.0	2.9	21	2.1	1.9	3.2	4.7	33	3.3	3.0	5.0	7.4	52	5.2	4.7	7.8	12
30	50	16	1.6	1.4	2.4	3.6	25	2.5	2.3	3.8	5.6	39	3.9	3.5	5.9	8.8	62	6.2	5.6	9.3	14
50	80	19	1.9	1.7	2.9	4.3	30	3.0	2.7	4.5	6.8	46	4.6	4.1	6.9	10	74	7.4	6.7	11	17
80	120	22	2.2	2.0	3.3	5.0	35	3.5	3.2	5.3	7.9	54	5.4	4.9	8.1	12	87	8.7	7.8	13	20
120	180	25	2.5	2.3	3.8	5.6	40	4.0	3.6	6.0	9.0	63	6.3	5.7	9.5	14	100	10	9.0	15	23
180	250	29	2.9	2.6	4.4	6.5	46	4.6	4.1	6.9	10	72	7.2	6.5	11	16	115	12	10	17	26
250	315	32	3.2	2.9	4.8	7.2	52	5.2	4.7	7.8	12	81	8.1	7.3	12	18	130	13	12	20	29
315	400	36	3.6	3.2	5.4	8.1	57	5.7	5.1	8.4	13	89	8.9	8.0	13	20	140	14	13	21	32
400	500	40	4.0	3.6	6.0	9.0	63	6.3	5.7	9.5	14	97	9.7	8.7	15	22	155	16	14	23	35

公差等级		IT10					IT11					IT12				IT13			
基本尺寸/mm		T	A	u1			T	A	u1			T	A	u1		T	A	u1	
大于	至			I	II	III			I	II	III			I	II			I	II
—	3	40	4.0	3.6	6.0	9.0	60	6.0	5.4	9.0	14	100	10	9.0	15	140	14	13	21
3	6	48	4.8	4.3	7.2	11	75	7.5	6.8	11	17	120	12	11	18	180	18	16	27
6	10	58	5.8	5.2	8.7	13	90	9.0	8.1	14	20	150	15	14	23	220	22	20	33
10	18	70	7.0	6.3	11	16	110	11	10	17	25	180	18	16	27	270	27	24	41
18	30	84	8.4	7.6	13	19	130	13	12	20	29	210	21	19	32	330	33	30	50
30	50	100	10	9.0	15	23	160	16	14	24	36	250	25	23	38	390	39	35	59
50	80	120	12	11	18	27	190	19	17	29	43	300	30	27	45	460	46	41	69
80	120	140	14	13	21	32	220	22	20	33	50	350	35	32	53	540	54	49	81
120	180	160	16	15	24	36	250	25	23	38	56	400	40	36	60	630	63	57	95
180	250	185	18	1	28	42	290	29	26	44	65	460	46	41	69	720	72	65	110
250	315	210	21	19	32	47	320	32	29	48	72	520	52	47	78	810	81	73	120
315	400	230	23	21	35	52	360	36	32	54	81	570	57	51	80	890	89	80	130
400	500	250	25	23	38	56	400	40	36	60	90	630	63	57	95	970	97	87	150

　　具体选择哪一种方法，要结合工件的尺寸、功能要求及其重要程度、尺寸公差等级、测量不确定度和工艺能力等因素综合考虑。具体原则是：

　　（1）对要求符合包容要求的尺寸、公差等级高的尺寸，其验收极限按方法 1 确定。

　　（2）对工艺能力指数 Cp≥1 时，其验收极限可以按方法 2 确定（工艺能力指数 Cp 值是工件公差 T 与加工设备工艺能力 Cσ 之比。C 为常数,工件尺寸遵循正态分布时 C=6,σ 为加工设备的标准偏差,Cp=T/(6σ))。但采用包容要求时,在最大实体尺寸一侧仍应按内缩方式确定验收极限。

（3）对偏态分布的尺寸,尺寸偏向的一边应按方法 1 确定。

（4）对非配合和一般公差的尺寸,其验收极限按方法 2 确定。

3. 计量器具的选择原则

计量器具的选择主要取决于计量器具的技术指标和经常指标。选用时应考虑:

（1）选择的计量器具应与被测工件的外形位置、尺寸的大小及被测参数特性相适应,使所选计量器具的测量范围能满足工件的要求。

（2）选择计量器具应考虑工件的尺寸公差,使所选计量器具的不确定度值既要保证测量精度要求,又要符合经济性要求。

为了保证测量的可靠性和量值的统一,国家标准规定:按照计量器具的测量不确定度允许值 u1 选择计量器具。u1 值见表 3-6。u1 值分为 I 、II 、III 档,分别约为工件公差的 1/10、1/6 和 1/4。一般情况下,优先选用 I 档,其次为 II 档、III 档。选用计量器具时,应使所选测量器具的不确定度 u1′ 小于或等于表 3-6 所列的 u1 值,(u1′≤u1)。各种普通计量器具的不确定度 u1′ 见表 3-7、表 3-8 和表 3-9。

表 3-7   指示表的不确定度　　　　　　　　　　　　　　　　（mm）

尺寸范围		所 使 用 的 计 量 器 具			
		分度值为 0.001 的千分表 （0 级在全程范围内） （1 级在 0.2mm 内） 分度值为 0.002 的千分表 1 转范围内	分度值为 0.001、0.002、0.005 的千分表 （1 级在全程范围内） 分度值为 0.01 的百分表（0 级在任意 1mm 内）	分度值为 0.01 的百分表 （0 级在全程范围内） （1 级在任意 1mm 内）	分度值为 0.01 的百分表 （1 级在全程范围内）
大于	至	不确定度 u1′ /mm			
	115	0.005	0.01	0.018	0.30
115	315	0.006			

表 3-8   千分尺和游标卡尺的不确定度　　　　　　　　　　　（mm）

尺寸范围		计量器具类型			
		分度值 0.01 外径千分尺	分度值 0.01 内径千分尺	分度值 0.02 游标卡尺	分度值 0.05 游标卡尺
大于	至	不确定度 u1′ /mm			
0	50	0.004			0.05
50	100	0.005	0.008		
100	150	0.006		0.020	
150	200	0.007			
200	250	0.008	0.013		0.100
250	300	0.009			

尺寸范围		计量器具类型			
		分度值 0.01 外径千分尺	分度值 0.01 内径千分尺	分度值 0.02 游标卡尺	分度值 0.05 游标卡尺
300	350	0.010			
350	400	0.011	0.020		
400	450	0.012			
450	500	0.013	0.025		
500	600				
600	700		0.030		
700	1000				0.150

注：①当采用比较测量时，千分尺的不确定度可小于本表规定的数值，一般可减小 40%；

②考虑到某些车间的实际情况，当从本表中选用的计量器具不确定度（u1′）在一定范围内大于 GB/T3177-1997 规定的 u1 值时，须按式 A′=u1′/0.9 重新计算出相应的安全裕度。

表 3-9　比较仪的不确定度　　　　　　　　　　　　（mm）

尺寸范围		所使用的计量器具			
		分度值为 0.000 5（相当于放大倍数 2 000 倍）的比较仪	分度值为 0.001 相当于放大倍数 1000 倍）的比较仪	分度值为 0.002 相当于放大倍数 400 倍）的比较仪	分度值为 0.005 相当于放大倍数 250 倍）的比较仪
大于	至	不确定度 u1′/mm			
	25	0.0006	0.0010	0.0017	0.0030
25	40	0.0007			
40	65	0.0008	0.0011	0.0018	
65	90	0.0008			
90	115	0.0009	0.0012	0.0019	
115	165	0.0010	0.0013		
165	215	0.0012	0.0014	0.0020	
215	265	0.0014	0.0016	0.0021	0.0035
265	315	0.0016	0.0017	0.0022	

生产中，当现有计量器具的不确定度 u1′>u1 时，应按下式扩大安全裕度 A 至 A′。

$$A' = u1'/0.9$$

例 3-3　被检验零件尺寸为轴 ϕ65e9E，试确定验收极限，选择适当的计量器具。

解：①由极限与配合标准中查得：ϕ65e9 的极限偏差为 $\phi 65_{-0.124}^{-0.050}$。

②由表 3-6 中查得安全裕度：A=7.4μm，测量不确定度允许值：u1=6.7μm。

因为此工件尺寸遵循包容要求，应按照方法 1 的原则确定验收极限，则：

上验收极限=ϕ(65–0.050–0.0074)=ϕ64.9426mm

下验收极限=ϕ(65–0.124+0.0074)=ϕ64.8834mm

③由表 3-8 查得分度值为 0.01mm 的外径千分尺，在尺寸介于 50～100mm 时，不确定度数 u1′=0.005mm，

因 0.005＜u1=0.0067，故可满足使用要求。

例 3-4　被检验零件为孔 ϕ130H10E，工艺能力指数 Cp=1.2，试确定验收极限，并选择适当的计量器具。

解：①由极限与配合标准中查得：ϕ130H10 的极限偏差为 ϕ130$_0^{+0.16}$。

②由表 3-6 中查得安全裕度 A =16μm，因 Cp=1.2＞1，其验收极限可以按方法 2 确定，即一边 A=0，但因该零件尺寸遵循包容要求，因此，其最大实体极限一边的验收极限仍按方法 1 确定，则有：

上验收极限=ϕ(130+0.16)=ϕ130.16mm

下验收极限=ϕ(130+0+0.016)=ϕ130.016mm

③由表 3-6 中按优先选用 I 档的原则，查得计量器具不确定度允许值 u1=15μm，由表 3-7 查得，分度值为 0.01mm 的内径千分尺在尺寸为 100～150mm 的范围时，不确定度为 0.008<u1=0.015mm，故可满足使用要求。

实践与思考

1. 一个完整的几何量测量过程应包括那四个要素？
2. 简述长度尺寸基准和传递系统。
3. 什么是量块？
4. 简述量块的按"级"使用和按"等"使用的方法与意义。
5. 简述计量器具的分类。
6. 简述测量误差产生的原因。
7. 简述系统误差及其消除的方法。
8. 简述测量精度的分类。
9. 简述尺寸误检的基本概念。
10. 什么叫直接测量法？什么叫间接测量法？
11. 简述计量器具的选择原则。
12. 被检验零件尺寸为轴 ϕ85e9E，试确定验收极限，选择适当的计量器具。

第 4 章　形状和位置公差

4.1　概述

形状和位置公差简称形位公差，它是针对构成零件几何特征的点、线、面的几何形状和相互位置的误差所规定的公差。

零件在加工过程中由于受各种因素的影响，其几何要素不可避免地会产生形状误差和位置误差。如在车削圆柱表面时，刀具的运动轨迹若与工件的旋转轴线不平行，会使加工零件表面产生圆柱度误差；在铣轴上的键槽时，若铣刀杆轴线的运动轨迹相对于零件的轴线有偏离或倾斜，则会使加工出的键槽产生对称度误差等。而零件的圆柱度误差会影响圆柱结合要素的配合均匀性；齿轮轴线的平行度误差会影响齿轮的啮合精度和承载能力；键槽的对称度误差会使键安装困难，安装后受力状况恶化等。因此，对零件的形状和位置精度进行合理的设计，规定适当的形状和位置公差是十分重要的。

根据近年来科学技术和经济发展的需要，按照与国际标准接轨的原则，我国对形位公差国家标准进行了几次修订，目前推荐使用的标准为：GB/T 1182－1996《形状和位置公差　通则、定义、符号和图样表示法》；GB/T 1184－1996《形状和位置公差　未注公差值》；GB/T 4249－1996《公差原则》；GB/T 16671－1996《形状和位置公差　最大实体要求、最小实体要求和可逆要求》；GB 1958－80《形状和位置公差检测规定》。

4.1.1　形位公差的研究对象

形位公差的研究对象是零件的几何要素（简称"要素"），就是构成零件几何特征的点、线、面。例如，如图 4-1 所示零件的球心、锥顶、圆柱面和圆锥面的素线、轴线、球面、端平面以及圆锥面、槽的中心平面等。

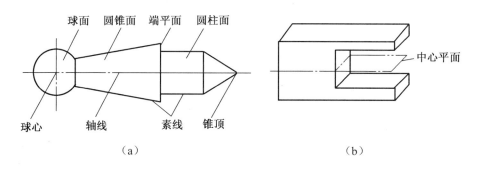

（a）　　　　　　　　　　　　　　　　（b）

图 4-1　零件的几何要素

几何要素可按如下不同的角度分类。

（1）按存在的状态分为理想要素和实际要素。

1）理想要素。具有几何学意义的要素，它们不存在任何误差，机械零件图样上表示的要素均为理想要素。

实际要素。零件上实际存在的要素，通常都以测得要素来代替。

（2）按结构特征分为中心要素和轮廓要素。

1）中心要素。对称轮廓要素的中心点、中心线、中心面或回转表面的轴线。

2）轮廓要素。构成零件外形的点、线、面各要素。

（3）按所处地位分为基准要素和被测要素。

1）基准要素。用来确定理想被测要素的方向或（和）位置的要素。

2）被测要素。在图样上给出了形状或（和）位置公差要求的要素，是检测的对象。

（4）按功能关系分为单一要素和关联要素。

1）单一要素。仅对要素本身给出形状公差要求的要素。

2）关联要素。对基准要素有功能关系要求而给出位置公差要求的要素。

4.1.2　形位公差的特征项目及其符号

GB/T 1182－1996 规定了 14 种形状和位置公差的特征项目，各形位公差项目的名称及其符号如表 4-1 所示。

表 4-1　形位公差项目及其符号

公差		特征	符号	有无基准	公差		特征	符号	有无基准
形状	形状	直线度	—	无	位置	定向	垂直度	⊥	有
		平面度	▱	无			倾斜度	∠	有
		圆度	○	无		定位	位置度	⊕	有或无
		圆柱度	⌀	无			同轴度	◎	有
形状或位置	轮廓	线轮廓度	⌒	有或无			对称度	=	有
		面轮廓度	⌓	有或无		跳动	圆跳动	↗	有
位置	定向	平行度	//	有			全跳动	↗↗	有

4.1.3　形位公差的标注方法

形位公差在图样上用框格的形式标注，如图 4-2 所示。

形位公差框格由 2～5 格组成。形状公差一般为两格，位置公差一般为三至五格，框格中的内容按从左到右顺序填写：公差特征符号；形位公差值（以 mm 为单位）和有关符号；基准字母及有关符号。代表基准的字母（包括基准代号圆圈内的字母）用大写英文字母（为不引起误解，其中 E、I、J、M、Q、O、P、L、R、F 不用）表示。若形位公差值的数字前加注有 ϕ 或 Sϕ，则表示其公差带为圆形、圆柱形或球形。如果要求在形位公差带内进一步限定被测要素的形状，则应在公差值后加注相应的符号，如表 4-2 所示。

对被测要素的数量说明，应标注在形位公差框格的上方，如图 4-3（a）所示；其他说明性要求应标注在形位公差框格的下方，如图 4-3（b）所示；如对同一要素有一个以上的形位公差特征项目的要求，其标注方法又一致时，为方便起见，可将一个框格放在另一个框格的下方，如图 4-3（c）所示；当多个被测要素有相同的形位公差（单项或多项）要求时，可以从框格引出的指引线上绘制多个指示箭头并分别与各被测要素相连，如图4-3（d）所示。

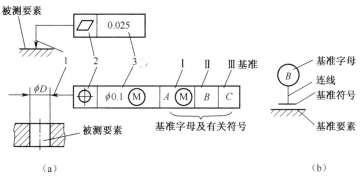

1-指引箭头；2-项目符号；3-形位公差值及有关符号

图 4-2　公差框格及基准代号

表 4-2　对被测要素形状要求的符号

含义	符号	举例	含义	符号	举例
只许中间向材料内凹下	(−)	$\boxed{\ —\ |\ t(-)\ }$	只许从左至右减小	(▷)	$\boxed{\angle\ |\ t(▷)\ }$
只许中间向材料外凸起	(+)	$\boxed{\ ▱\ |\ t(+)\ }$	只许从右至左减小	(◁)	$\boxed{\angle\ |\ t(◁)\ }$

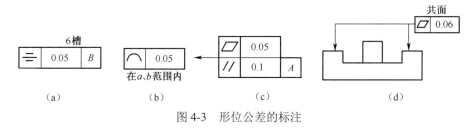

图 4-3　形位公差的标注

1. 被测要素的标注

设计要求给出形位公差的要素用带指示箭头的指引线与公差框格相连。指引线一般与框格一端的中部相连，如图4-2所示，也可以与框格任意位置水平或垂直相连。

当被测要素为轮廓要素（轮廓线或轮廓面）时，指示箭头应直接指向被测要素或其延长线上，并与尺寸线明显错开，如图4-4所示。

当被测要素为中心要素（中心点、中心线、中心平面等）时，指示箭头应与被测要素相应的轮廓要素的尺寸线对齐，如图4-5所示，指示箭头可代替一个尺寸线的箭头。

对被测要素任意局部范围内的公差要求，应将该局部范围的尺寸标注在形位公差值后面，并用斜线隔开，如图4-6（a）所示表示圆柱面素线在任意100mm长度范围内的直线度公差为0.05mm；图4-6（b）所示表示箭头所指平面在任意边长为100mm的正方形范围内的平面度公差是0.01mm；图4-6（c）所示表示上平面对下平面的平行度公差在任意100mm长度范围内为0.08mm。

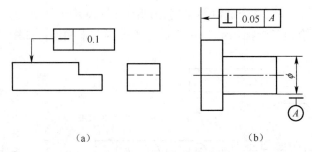

（a）　　　　　　　　　　（b）

图 4-4　被测要素是轮廓要素时的标注

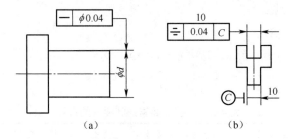

（a）　　　　　　　　　　（b）

图 4-5　被测要素是中心要素时的标注

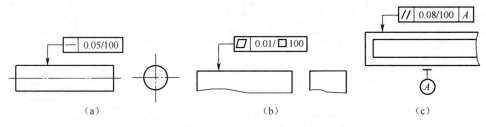

（a）　　　　　　　（b）　　　　　　　（c）

图 4-6　被测要素任意范围内公差要求的标注

当被测要素为视图上的整个轮廓线（面）时，应在指示箭头指引线的转折处加注全周符号。如图 4-7（a）所示线轮廓度公差 0.1mm 是对该视图上全部轮廓线的要求，其他视图上的轮廓不受该公差要求的限制。以螺纹、齿轮、花键的轴线为被测要素时，应在形位公差框格下方标明节径 PD、大径 MD 或小径 LD，如图 4-7（b）所示。

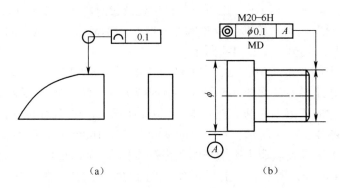

（a）　　　　　　　　　　（b）

图 4-7　被测要素的其他标注

2．基准要素的标注

对关联被测要素的位置公差要求必须注明基准。基准代号如图 4-2（b）所示，圆圈内的字母应与公差框格中的基准字母对应，且不论基准代号在图样中的方向如何，圆圈内的字母均应水平书写。单一基准由一个字母表示，如图 4-8（a）所示；公共基准采用由横线隔开的两个字母表示，如图 4-8（b）所示；基准体系由两个或三个字母表示，如图4-2（a）所示。

当以轮廓要素作为基准时，基准符号应靠近基准要素的轮廓线或其延长线，且与轮廓的尺寸线明显错开，如图 4-8（a）所示；当以中心要素为基准时，基准连线应与相应的轮廓要素的尺寸线对齐，如图4-8（b）所示。

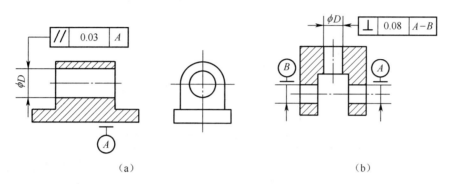

（a）　　　　　　　　　　　　　　　（b）

图 4-8　基准要素的标注

此外，国家标准中还规定了一些其他特殊符号，如 Ⓔ Ⓜ Ⓛ Ⓡ（详见 4.4 节）及 Ⓟ（延伸公差带）、Ⓕ（非刚性零件的自由状态）等，可参照国家标准。

4.1.4　形位公差带

形位公差带用来限制被测实际要素变动的区域。只要被测实际要素完全落在给定的公差带内，就表示其形状和位置符合设计要求。

形位公差带的形状由被测要素的理想形状和给定的公差特征所决定，其形状有如图 4-9 所示的几种。形位公差带的大小由公差值 t 确定，指公差带的宽度或直径等。

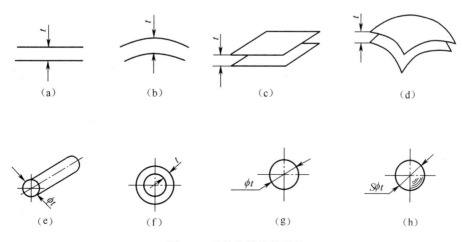

（a）　　　　（b）　　　　（c）　　　　（d）

（e）　　　　（f）　　　　（g）　　　　（h）

图 4-9　形位公差带的形状

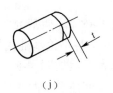
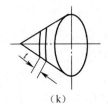

（i）　　　　　　　　　　（j）　　　　　　　　　（k）

图 4-9　形位公差带的形状（续图）

4.2　形状误差与形状公差

4.2.1　形状公差与公差带

形状公差是指单一实际要素的形状所允许的变动全量。形状公差带是限制实际被测要素形状变动的一个区域。形状公差带及其定义、标注示例和解释如表 4-3 所示。

表 4-3　形状公差带定义、标注示例和解释

特征	公差带定义	标注示例和解释
平面度	公差带是距离为公差值 t 的两平行平面之间的区域	被测表面必须位于距离为公差值 0.06mm 的两平行平面内
圆度	公差带是在同一正截面内，半径差为公差值 t 的两同心圆之间的区域	被测圆柱面任一正截面的圆周必须位于半径差为公差值 0.02mm 的两同心圆之间
圆柱度	公差带是半径差为公差值 t 的两同轴圆柱面之间的区域	被测圆柱面必须位于半径差为公差值 0.05mm 的两同轴圆柱面之间

特征	公差带定义	标注示例和解释
直线度	在给定平面内,公差带是距离为公差值 t 的两平行直线之间的区域 	被测表面的素线必须位于平行于图样所示投影面且距离为公差值 0.1mm 的两平行直线内
	在给定方向上,公差带是距离为公差值 t 的两平行平面之间的区域 	被测刀口尺的棱线必须位于距离为公差值 0.03mm、垂直于箭头所示方向的两平行平面之内
	在任意方向上,公差带是直径为公差值 t 的圆柱面内的区域 	被测圆柱体的轴线必须位于直径为公差值 $\phi 0.08$mm 的圆柱面内

4.2.2 轮廓度公差与公差带

轮廓度公差特征有线轮廓度和面轮廓度,有基准或无基准均可。轮廓度无基准要求时为形状公差,有基准要求时为位置公差。其公差带定义、标注示例和解释如表 4-4 所示。

表 4-4 轮廓度公差带定义、标注和解释

特征	公差带定义	标注示例和解释
线轮廓度	公差带是包络一系列直径为公差值 t 的圆的两包络线之间的区域。诸圆的圆心位于具有理论正确几何形状的线上 	在平行于图样所示投影面的任一截面上,被测轮廓线必须位于包络一系列直径为公差值值 $\phi 0.04$mm,且圆心位于具有理论正确几何形状的线上的两包络线之间 (a) 无基准要求 (b) 有基准要求

续表

特征	公差带定义	标注示例和解释
面轮廓度	公差带是包络一系列直径为公差值 t 的球的两包络面之间的区域。诸球的球心位于具有理论正确几何形状的面上 理想轮廓面　　$S\phi t$	被测轮廓面必须位于包络一系列球径为公差值 $S\phi 0.02\text{mm}$，且球心位于具有理论正确几何形状的面上的两包络面之间 ⌒ 0.02 SR

形状公差带（有基准的线、面轮廓度除外）的特点是不涉及基准，其方向和位置随相应实际要素的不同而不同。

4.2.3　形状误差及其评定

形状误差是被测实际要素的形状对其理想要素的变动量。当被测实际要素与理想要素进行比较时，由于理想要素所处的位置不同，得到的最大变动量也会不同。为了正确和统一地评定形状误差，就必须明确理想要素的位置，即规定形状误差的评定准则。

1. 形状误差的评定准则——最小条件

最小条件：是指被测实际要素对其理想要素的最大变动量最小。在图 4-10 中，理想直线Ⅰ、Ⅱ、Ⅲ处于不同的位置，被测要素相对于理想要素的最大变动量分别为 f_1、f_2、f_3 且 $f_1 < f_2 < f_3$，所以理想直线Ⅰ的位置符合最小条件。

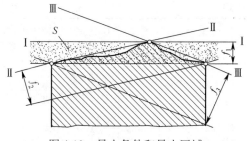

图 4-10　最小条件和最小区域

2. 形状误差的评定方法——最小区域法

形状误差值用理想要素的位置符合最小条件的最小包容区域的宽度或直径表示。最小包容区域是指包容被测实际要素时，具有最小宽度 f 或直径 ϕf 的包容区域。最小包容区域的形状与其公差带相同。

最小区域是根据被测实际要素与包容区域的接触状态判别的。

（1）评定给定平面内的直线度误差，包容区域为两条平行直线，实际直线应至少与包容直线有两高夹一低或两低夹一高的三点接触，这个包容区就是最小区域 S，如图 4-10 所示。

（2）评定圆度误差时，包容区域为两同心圆间的区域，实际圆轮廓应至少有内外交替的四点与两包容圆接触，如图 4-11（a）所示的最小区域 S。

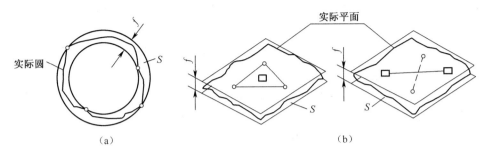

图 4-11　最小包容区域

（3）评定平面度误差时，包容区域为两个平行平面间的区域（如图 4-11（b）所示的最小区域 S），被测平面至少有三点或四点按下列三种准则之一分别与这两个平行平面接触。

三角形准则：三个极高点与一个极低点（或相反），其中一个极低点（或极高点）位于三个极高点（或极低点）构成的三角形之内。

交叉准则：两个极高点的连线与两个极低点的连线在包容平面上的投影相交。

直线准则：两平行包容平面与实际被测表面接触为高低相间的三点，且它们在包容平面上的投影位于同一直线上。

例 4-1　用合像水平仪测量一窄长平面的直线度误差，仪器的分度值为 0.01mm/m，选用的桥板节距 $L=165mm$，测量记录数据如表 4-5 所示，要求用作图法求被测平面的直线度误差。表中相对值为 a_0-a_i，a_0 可取任意数，但要有利于数字的简化，以便作图，本例取 $a_0=497$ 格，累积值为各点相对值顺序累加。

表 4-5　测量读数值

测点序号	0	1	2	3	4	5
读数值（格）	—	497	495	496	495	499
相对值（格）	0	0	+2	+1	+2	-2
累积值（格）	0	0	+2	+3	+5	+3

作图方法如下：

以 0 点为原点，累积值（格数）为纵坐标 Y，被测点到 0 点的距离为横坐标 X，按适当的比例建立直角坐标系。根据各测点对应的累积值在坐标上描点，将各点依次用直线连接起来，即得误差折线，如图 4-12 所示。

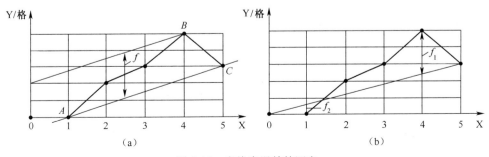

图 4-12　直线度误差的评定

① 用两端点的连线法评定误差值（图 4-12（b））。

以折线首尾两点的连线作为评定基准（理想要素），折线上最高点和最低点到该连线的 Y 坐标绝对值之和，就是直线度误差的格数。即：

$$f_{端}=(f_1+f_2)\times0.01\times L=(2.5+0.6)\times0.01\times165\approx5.1\mu m$$

② 用最小包容区域法评定误差值（图 4-12（a））。

若两平行包容直线与误差图形的接触状态符合相间准则（即符合"两高夹一低"或"两低夹一高"的判断准则）时，此两平行包容直线沿纵坐标方向的距离为直线度误差格数。显然，在图 4-12（a）中，A、C 属最低点，B 为夹在 A、C 间的最高点，故 AC 连线和过 B 点且平行于 AC 连线的直线是符合相间准则的两平行包容直线，两平行线沿纵坐标方向的距离为 2.8 格，故按最小包容区域法评定的直线度误差为：

$$f_{包}=2.8\times0.01\times165\approx4.6\mu m$$

一般情况下，两端点连线法的评定结果大于最小包容区域法，即 $f_{端}>f_{包}$，只有当误差图形位于两端点连线的一侧时，两种方法的评定结果才相同。但按 GB1958-80 的规定，有时允许用两端点连线法来评定直线度误差，但如发生争议，则以最小包容区域法来仲裁。

例 4-2 用打表法测量一块 350×350 的平板，各测点的读数值如下，用最小包容区域法求平面度误差值。

a1	a2	a3		0	+15	+7
b1	b2	b3	=	−12	+20	+4
c1	c2	c3		+5	−10	+2

用最小包容区域法求平面度误差值：将第一列的数都 +7，而将第三列的数都 −7，将结果列表后，再将第一行 −5，而将第三行 +5，将结果列表如下：

+7	┊	−7

0	+15	+7		+7	+15	0	−5		+2	+10	−5
−12	+20	+4	→ …	−5	+20	−3		… →	−5	+20	−3
+5	−10	+2		+12	−10	−5	+5		+17	−5	0

┊

经两次坐标变换后，符合三角形准则，故平面度误差值为：

$$f=|+20-(-5)|=25\mu m$$

4.3　位置误差与位置公差

位置公差是关联实际要素对基准允许的变动全量。位置公差分为定向、定位和跳动三大类。

4.3.1 定向公差与公差带

定向公差是关联实际要素对基准在方向上允许的变动全量。定向公差有平行度、垂直度和倾斜度三项。它们都有面对面、线对面、面对线和线对线几种情况。典型的定向公差的公差带定义、标注示例和解释如表 4-6 所示。

表 4-6　定向公差带定义、标注示例和解释

特征		公差带定义	标注示例和解释
平行度	面对面	公差带是距离为公差值 t，且平行于基准平面的两平行平面间的区域 	被测表面必须位于距离为公差值 0.05mm，且平行于底平面的两平行平面之间
	线对面	公差带是距离为公差值 t，且平行于基准平面的两平行平面间的区域 	被测轴线必须位于距离为公差值 0.03mm，且平行于底平面的两平行平面之间
	面对线	公差带是距离为公差值 t，且平行于基准轴线的两平行平面间的区域 	被测表面必须位于距离为公差值 0.05mm，且平行于基准轴线的两平行平面之间
	线对线	公差带是距离为公差值 t，且平行于基准轴线，并位于给定方向上的两平行平面间的区域 	被测轴线必须位于距离为公差值 0.1mm，且在给定方向上平行于基准轴线的两平行平面之间

特征		公差带定义	标注示例和解释
平行度	线对线	公差带是直径为公差值ϕt，且平行于基准轴线的圆柱面内的区域 	被测轴线必须位于直径为公差值$\phi 0.1mm$，且平行于基准轴线的圆柱面内
垂直度	面对线	公差带是距离为公差值t，且垂直于基准轴线的两平行平面间的区域 	被测表面必须位于距离为公差值0.05mm，且垂直于基准轴线的两平行平面之间
	线对面	公差带是直径为公差值ϕt，且垂直于基准平面的圆柱面内的区域 	被测轴线必须位于直径为公差值$\phi 0.05mm$，且垂直于基准平面的圆柱面内
倾斜度	面对面	公差带是距离为公差值t，且于基准平面（底平面）成理论正确角度的两平行平面间的区域 	被测表面必须位于距离为公差值0.08mm，且于基准平面成45°理论正确角度的两平行平面之间

续表

特征		公差带定义	标注示例和解释
倾斜度	线对面	公差带是直径为公差值ϕt，且与基准平面（底平面）成理论正确角度的圆柱面内的区域 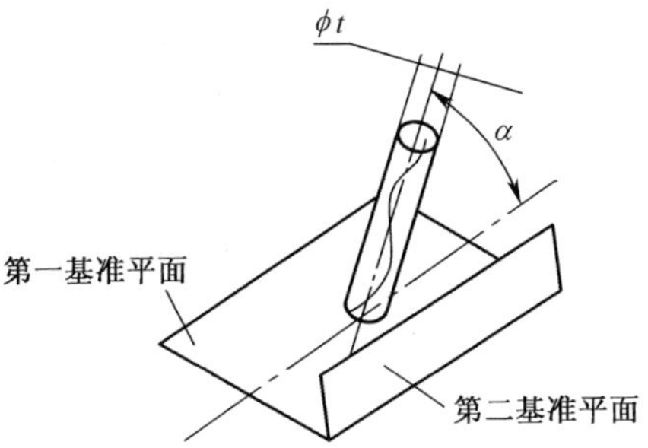	被测轴线必须位于直径为公差值$\phi 0.05$mm，且与基准平面成 60° 理论正确角度并平行于第二基准平面的圆柱面内 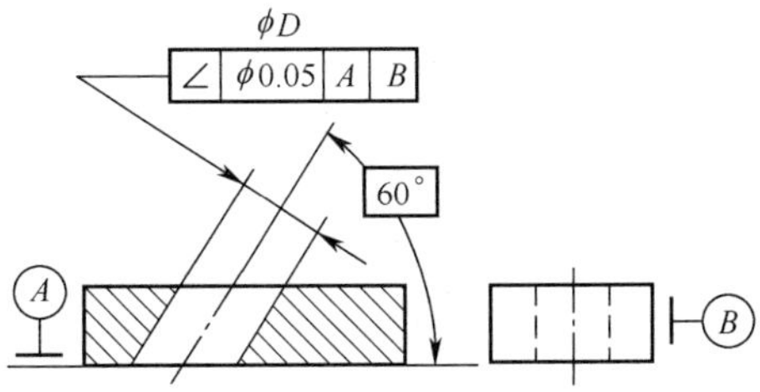

4.3.2　定位公差与公差带

定位公差是关联实际要素对基准在位置上所允许的变动全量。定位公差有同轴度、对称度和位置度，其公差带的定义、标注示例和解释如表 4-7 所示。

表 4-7　定位公差带定义、标注示例和解释

特征	公差带定义	标注示例和解释
同轴度	公差带是直径为公差值ϕt，且以基准轴线为轴线的圆柱面内的区域 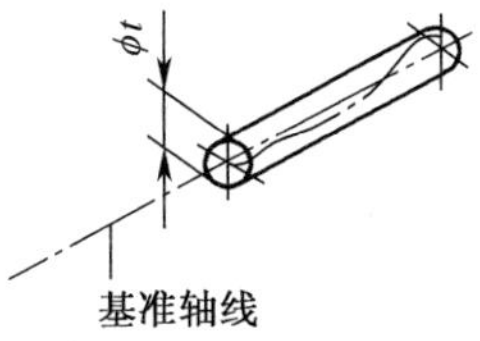	被测（大圆柱的）轴线必须位于直径为公差值$\phi 0.1$mm 且与基准（两端圆柱的公共轴线）轴线同轴的圆柱面内 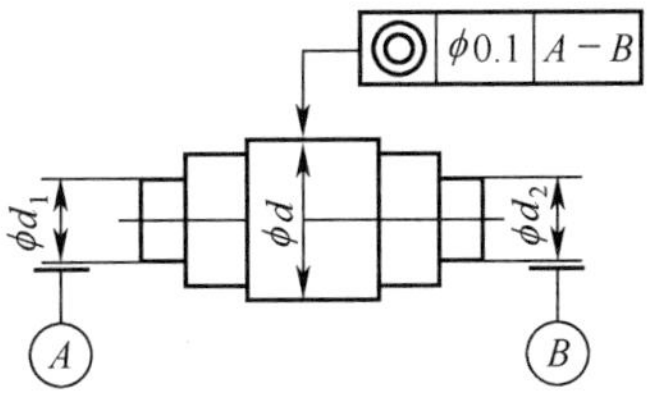
对称度	公差带是距离为公差值 t，且相对于基准中心平面对称配置的两平行平面间的区域 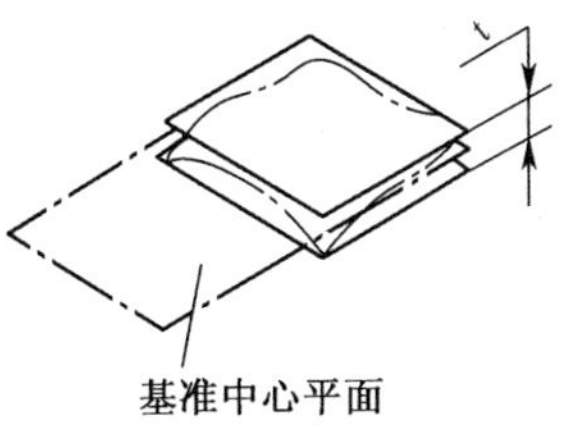	被测中心平面必须位于距离为公差值 0.08mm 且相对于基准中心平面对称配置的两平行平面之间 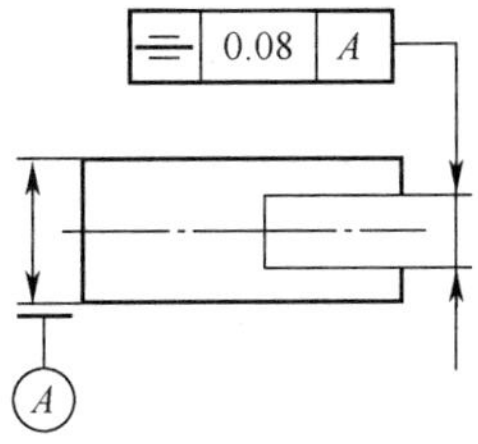

特征		公差带定义	标注示例和解释
位置度	点的位置度	公差带常见的是直径为公差值ϕt或$S\phi t$，以点的理想位置为中心的圆或球内的区域。如图公差值前加注$S\phi$，公差带是直径为公差值t的球内的区域，球公差带的中心点的位置由相对于基准A和B的理论正确尺寸确定 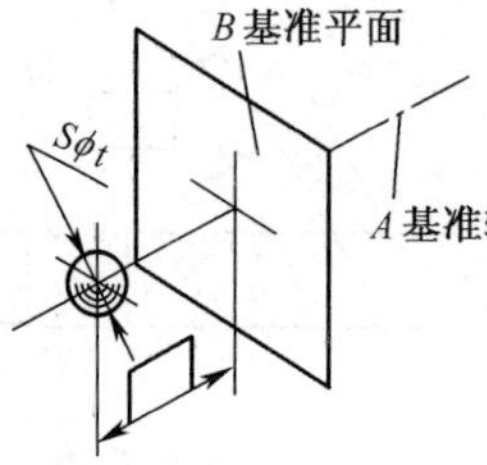	被测球的球心必须位于直径为公差值 0.08mm 的球内，该球的球心位于相对于基准A和B所确定的理想位置上 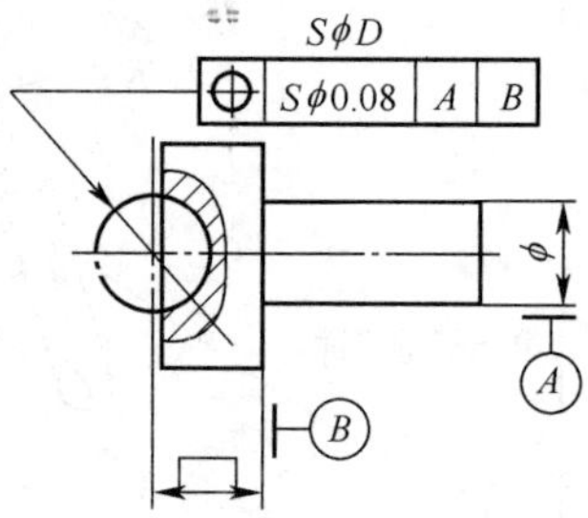
	线的位置度	当给定一个方向时，公差带是距离为公差值t，中心平面通过线的理想位置，且与给定方向垂直的两平行平面之间的区域；任意方向上（如图）公差带是直径为公差值ϕt，轴线在线的理想位置上的圆柱面内的区域 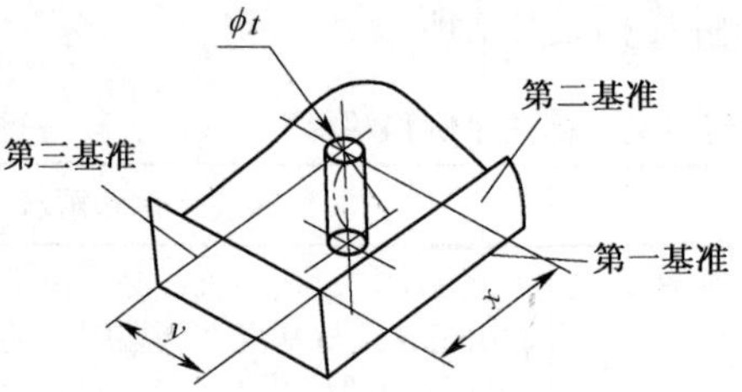	被测孔的轴线必须位于直径为公差值$\phi 0.1$mm，轴线位于由基准A、B、C和理论正确尺寸 90°、30、40 所确定的理想位置上的圆柱面公差带内 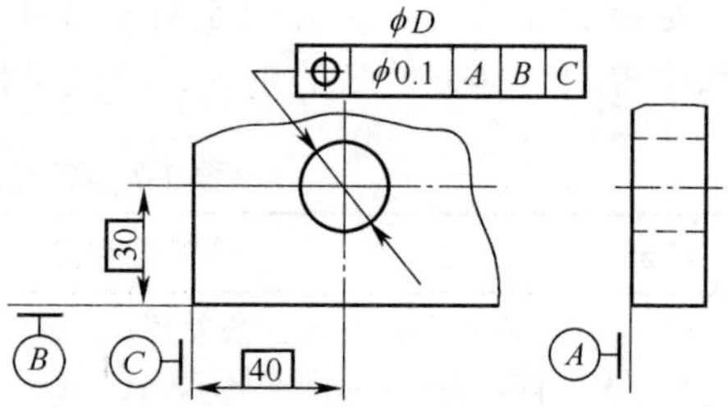
	面的位置度	公差带是距离为公差值t，中心平面在面的理想位置上的两平行平面之间的区域 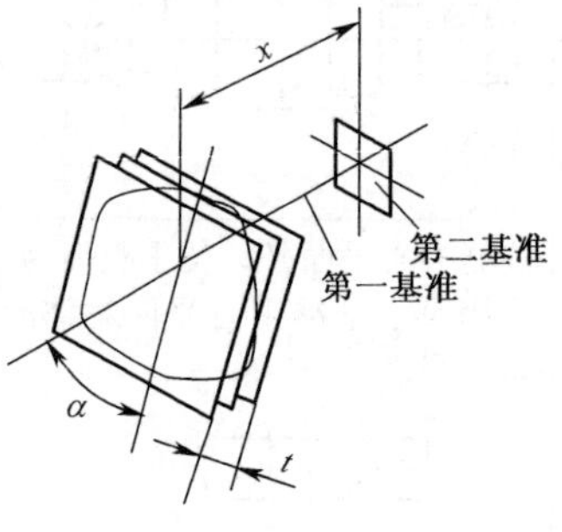	被测斜平面的实际轮廓必须位于距离为公差值 0.05mm，中心平面在由基准轴线A和基准平面B以及理论正确尺寸 60°、50 确定的面的理想位置上的两平行平面公差带内 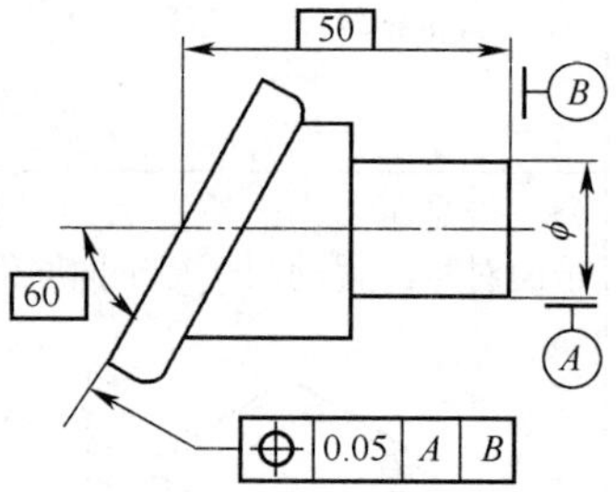

4.3.3　跳动公差与公差带

跳动公差是关联实际要素绕基准轴线回转一周或连续回转时所允许的最大跳动量。跳动公差分为圆跳动和全跳动。圆跳动是指被测要素在某个测量截面内相对于基准轴线的变动量；全跳动是指整个被测要素相对于基准轴线的变动量。其公差带的定义、标注示例和解释如表4-8所示。

表 4-8　跳动公差带定义、标注示例和解释

特征		公差带定义	标注示例和解释
圆跳动	径向圆跳动	公差带是在垂直于基准轴线的任一测量平面内半径差为公差值 t，且圆心在基准轴线上的两同心圆间的区域	被测圆柱面绕基准轴线作无轴向移动的旋转时，一周内在任一测量平面内的径向圆跳动量均不得大于 0.05mm
	端面圆跳动	公差带是在与基准轴线同轴的任一半径位置的测量圆柱面上距离为公差值 t 的两圆内的区域	被测端面绕基准轴线作无轴向移动的旋转时，一周内在任一测量圆柱面内的轴向跳动量均不得大于 0.06mm
	斜向圆跳动	公差带是在与基准轴线同轴的任一测量圆锥面上，沿其母线方向宽度为公差值 t 的两圆内的区域	被测圆锥面绕基准轴线作无轴向移动的旋转时，一周内在任一测量圆锥面上的跳动量均不得大于 0.05mm
全跳动	径向全跳动	公差带是半径差为公差值 t，且与基准轴线同轴的两同轴圆柱面内的区域	被测圆柱面绕基准轴线作无轴向移动的连续回转，同时指示表平行于基准轴线方向作直线移动时。在整个被测表面上的跳动量不大于 0.2mm

径向圆跳动公差带定义：

端面圆跳动公差带定义：

斜向圆跳动公差带定义：

径向全跳动公差带定义：

续表

特征		公差带定义	标注示例和解释
全跳动	端面全跳动	公差带是距离为公差值 t，且与基准轴线垂直的两平行平面间的区域	被测零件绕基准轴线作无轴向移动的连续回转，同时指示表沿垂直基准轴线的方向作直线移动时。在整个端面上的跳动量不大于 0.05mm

4.3.4　位置误差及其评定

位置误差是关联实际要素对理想要素的变动量，理想要素的方向或位置由基准确定。

位置误差的定向或定位最小包容区域的形状与其对应的位置公差带完全相同，用定向或定位最小包容区域包容实际被测要素时，该最小包容区域必须与基准保持图样上给定的几何关系，且使包容区域的宽度和直径为最小。

如图 4-13（a）所示，面对面的垂直度的定向最小包容区域是包容被测实际平面且与基准保持垂直的两平行平面之间的区域；图 4-13（b）所示的阶梯轴的同轴度的定位最小包容区域是包容被测实际轴线且与基准轴线同轴的圆柱面内的区域。

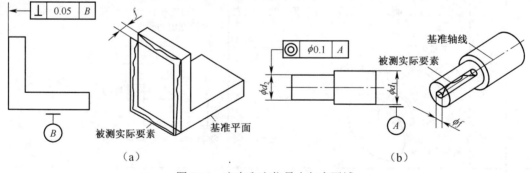

图 4-13　定向和定位最小包容区域

4.4　公差原则

公差原则是确定零件的形状、位置公差和尺寸公差之间相互关系的原则，它分为独立原则和相关要求。公差原则的国家标准包括 GB/T 4249-1996 和 GB/T 16671-1996。

4.4.1　有关术语定义

1. 作用尺寸

（1）体外作用尺寸（D_{fe}、d_{fe}）。在被测要素的给定长度上，与实际内表面（孔）体外相接的最大理想面，或与实际外表面（轴）体外相接的最小理想面的直径或宽度，如图 4-14 所示。

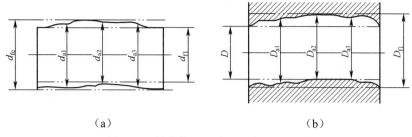

（a）　　　　　　　　　　　　　　　　　（b）

图 4-14　体外作用尺寸与体内作用尺寸

对于关联要素（关联体外作用尺寸为 D_{fe}'、d_{fe}'），该理想面的轴线或中心平面必须与基准保持图样上给定的几何关系，如图 4-15 所示。

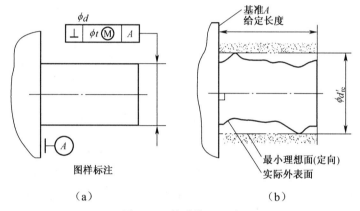

图样标注

（a）　　　　　　　　　　　　　　　　　（b）

图 4-15　关联作用尺寸

（2）体内作用尺寸（D_{fi}、d_{fi}）。在被测要素的给定长度上，与实际内表面体内相接的最小理想面，或与实际外表面体内相接的最大理想面的直径或宽度，如图 4-14 所示。

对于关联要素（关联体内作用尺寸为 D_{fi}'、d_{fi}'），该理想面的轴线或中心平面必须与基准保持图样上给定的几何关系。

2. 最大实体状态（MMC）、最大实体尺寸（MMS）和最大实体边界（MMB）

（1）最大实体状态（MMC）。如前第 1 章所述。

（2）最大实体边界（MMB）。尺寸为最大实体尺寸的边界。由设计给定的具有理想形状的极限包容面称为边界。边界尺寸为极限包容面的直径或距离。

3. 最小实体状态、最小实体尺寸和最小实体边界

（1）最小实体状态（LMC）。如前第 1 章所述。

（2）最小实体边界（LMB）。尺寸为最小实体尺寸的边界。

4. 最大实体实效状态、最大实体实效尺寸和最大实体实效边界

（1）最大实体实效状态（MMVC）。在给定长度上，实际要素处于最大实体状态，且中心要素的形状或位置误差等于给出公差值时的综合极限状态。

（2）最大实体实效尺寸（MMVS）。最大实体实效状态下的体外作用尺寸。对内表面用 DMV 表示；对外表面用 d_{MV} 表示；关联最大实体实效尺寸用 D_{MV}' 或 d_{MV}' 表示，如图 4-16（a）

所示。

即：D_{MV}（D'_{MV}）$=D_M-t=D_{\min}-t$，d_{MV}（d'_{MV}）$=d_M+t=d_{\max}+t$

（3）最大实体实效边界（MMVB）。尺寸为最大实体实效尺寸的边界，如图 4-16（a）所示。

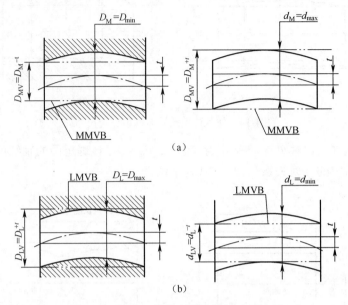

（a）

（b）

图 4-16   最大、最小实体实效尺寸及边界

5. 最小实体实效状态、最小实体实效尺寸和最小实体实效边界

（1）最小实体实效状态（LMVC）。在给定长度上，实际要素处于最小实体状态，且中心要素的形状或位置误差等于给出公差值时的综合极限状态。

（2）最小实体实效尺寸（LMVS）。最小实体实效状态下的体内作用尺寸。对内表面用 D_{LV} 表示；对外表面用 d_{LV} 表示；关联最小实体实效尺寸用 D'_{LV} 或 d'_{LV} 表示。如图 4-16（b）所示。即：

$$D_{LV}（D'_{LV}）=D_L+t=D_{\max}+t \qquad\qquad d_{LV}（d'_{LV}）=d_L-t=d_{\min}-t$$

（3）最小实体实效边界（LMVB）。尺寸为最小实体实效尺寸的边界，如图 4-16（b）所示。

4.4.2 独立原则

独立原则是指图样上给定的各个尺寸、形状和位置要求都是独立的，应该分别满足各自的要求。独立原则是尺寸公差和形位公差的相互关系遵循的基本原则，它的应用最广。

图 4-17 为独立原则的应用示例，不需要标注任何相关符号。图示轴的局部实际尺寸应在 $\phi 19.97\text{mm}\sim\phi 20\text{mm}$ 之间，且轴线的直线度误差不允许大于 $\phi 0.02\text{mm}$。

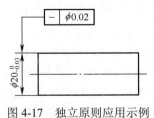

图 4-17   独立原则应用示例

4.4.3　相关要求

图样上给定的尺寸公差与形位公差相互有关的设计要求称为相关要求，它分为包容要求、最大实体要求和最小实体要求。最大实体要求和最小实体要求还可用于可逆要求。

1. 包容要求（ER）

包容要求是被测实际要素处处不得超越最大实体边界的一种要求。它只适用于单一尺寸要素（圆柱面、两平行平面）的尺寸公差与形状公差之间的关系。

采用包容要求的尺寸要素，应在其尺寸极限偏差或公差代号后加注符号 Ⓔ 。

采用包容要求的尺寸要素其实际轮廓应遵守最大实体边界，即其体外作用尺寸不超出最大实体尺寸，且其局部实际尺寸不超出最小实体尺寸。

对于内表面（孔）：　　$D_{fe} \geq D_M = D_{min}$　　　且 $D_a \leq D_L = D_{max}$

对于外表面（轴）：　　$d_{fe} \leq d_M = d_{max}$　　　且 $d_a \geq d_L = d_{min}$

图 4-18（a）中，轴的尺寸 $\phi 20^{0}_{-0.03}$ Ⓔ 表示采用包容要求，则实际轴应满足下列要求：

$$d_{fe} \leq d_M = d_{max} = \phi 20mm \qquad 且 \; d_a \geq d_L = d_{min} = \phi 19.97mm$$

图 4-18（c）为图 4-18（b）的动态公差图，它表达了实际尺寸和形状公差变化的关系。当实际尺寸为 $\phi 19.97mm$，偏离最大实体尺寸 0.03mm 时，允许的直线度误差为 0.03mm；而当实际尺寸为最大实体尺寸 $\phi 20mm$ 时，允许的直线度误差为 0。

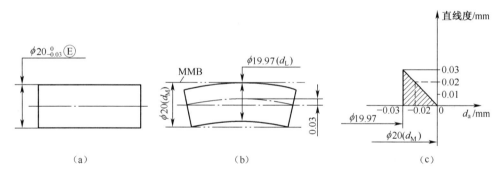

图 4-18　包容要求应用示例

包容要求是将尺寸误差和形位误差同时控制在尺寸公差范围内的一种公差要求，主要用于保证配合性质的要素。

2. 最大实体要求（MMR）

最大实体要求是被测要素的轮廓处处不超越最大实体实效边界的一种要求，它既可应用于被测中心要素，也可用于基准中心要素。

最大实体要求应用于被测中心要素时，应在被测要素形位公差框格中的公差值后标注符号 Ⓜ；用于基准中心要素时，应在公差框格中相应的基准字母代号后标注符号 Ⓜ。

（1）最大实体要求用于被测要素。被测要素的实际轮廓应遵守其最大实体实效边界，即其体外作用尺寸不得超出最大实体实效尺寸；而且其局部实际尺寸介于最大与最小实体尺寸之间。

对于内表面：$D_{fe} \geq D_{MV} = D_{min} - t$　　　　且 $D_M = D_{min} \leq D_a \leq D_L = D_{max}$

对于外表面：$d_{fe} \leq d_{MV} = d_{max} + t$　　　　且 $d_M = d_{max} \geq d_a \geq d_L = d_{min}$

最大实体要求用于被测要素时，其形位公差值是在该要素处于最大实体状态时给出的。当被测要素的实际轮廓偏离其最大实体状态时，形位误差值可以超出在最大实体状态下给出的形位公差值，即此时的形位公差值可以增大。

若被测要素采用最大实体要求时，其给出的形位公差值为零，则称为最大实体要求的零形位公差，并以"⓪ Ⓜ"表示。

图 4-19（a）表示 $\phi20^{0}_{-0.3}$ 轴的轴线直线度公差采用最大实体要求。当该轴处于最大实体状态时，其轴线的直线度公差为 $\phi0.1$mm，如图 4-19（b）所示；若轴的实际尺寸向最小实体尺寸方向偏离最大实体尺寸，则其轴线直线度误差可以超出图样给出的公差值 $\phi0.1$mm，但必须保证其体外作用尺寸不超出轴的最大实体实效尺寸 $\phi20.1$mm；当轴的实际尺寸处处为最小实体尺寸 $\phi19.7$mm，其轴线的直线度公差可达最大值，$t = 0.3+0.1=\phi0.4$mm，如图 4-19（c）所示；图 4-19（d）为其动态公差图。

图 4-19（a）所示轴的尺寸与轴线直线度的合格条件是：
$$d_{min}=19.7mm \leqslant d_a \leqslant d_{max} =20mm$$
$$d_{fe} \leqslant d_{MV} =20.1mm$$

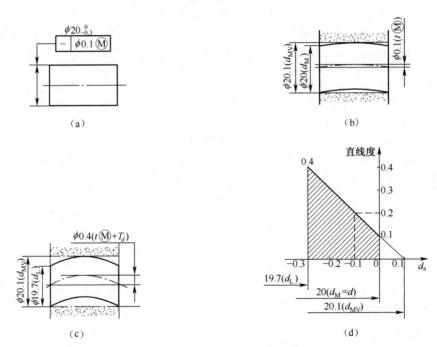

图 4-19　最大实体要求应用示例

图 4-20（a）表示 $\phi50^{+0.13}_{-0.08}$ 孔的轴线对基准平面在任意方向的垂直度公差采用最大实体的零形位公差。当该孔处于最大实体状态时，其轴线对基准平面的垂直度公差为零，即不允许有垂直度误差，如图 4-20（b）所示；只有当孔的实际尺寸向最小实体尺寸方向偏离最大实体尺寸，才允许其轴线对基准平面有垂直度误差，但必须保证其定向体外作用尺寸不超出其最大实体实效尺寸 $D_{MV}=D_M-t = 49.92-0=49.92$mm；当孔的实际尺寸处处为最小实体尺寸 50.13mm，其轴线对基准平面的垂直度公差可达最大值，即孔的尺寸公差 $\phi0.21$mm，如图 4-20（c）所示；图 4-20（d）是该孔的动态公差图。

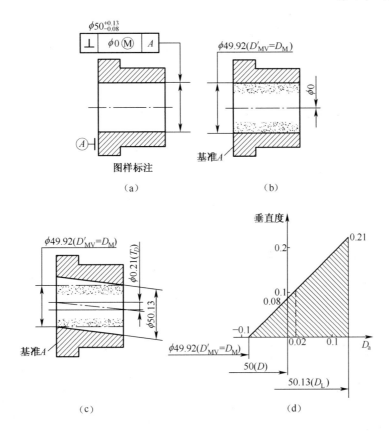

图 4-20 最大实体零形位公差应用示例

图 4-20 所示零件的合格条件是：

$$D_a \leqslant D_L = D_{max} = 50.13 \text{mm}$$

$$D_{fe} \geqslant D_{MV} = D_M = D_{min} = 49.92 \text{mm}$$

（2）最大实体要求应用于基准要素。此时，基准要素应遵守相应的边界。若基准要素的实际轮廓偏离其相应的边界，则允许基准要素在一定范围内浮动，其浮动范围等于基准要素的体外作用尺寸与其相应边界尺寸之差。但这种允许浮动并不能相应地允许增大被测要素的位置公差值。

最大实体要求应用于基准要素时，基准要素应遵守的边界有两种情况：

1）基准要素本身采用最大实体要求时，应遵守最大实体实效边界。此时，基准代号应直接标注在形成该最大实体实效边界的形位公差框格下面。

图 4-21 表示最大实体要求应用于 $4 \times \phi 8^{+0.1}_{0}$ 均布四孔的轴线对基准轴线的任意方向位置度公差，且最大实体要求也应用于基准要素，基准本身的轴线直线度公差采用最大实体要求。因此对于均布四孔的位置度公差，基准要素应遵守由直线度公差确定的最大实体实效边界，其边界尺寸为 $d_{MV} = d_M + t = (20+0.02)\text{mm} = 20.02\text{mm}$。

2）基准本身不采用最大实体要求时，应遵守最大实体边界。此时，基准代号应标注在基准的尺寸线处，其连线与尺寸线对齐。

基准要素不采用最大实体要求可能有两种情况：遵循独立原则或采用包容要求。

图 4-22（a）表示最大实体要求应用于 $4 \times \phi 8^{+0.1}_{0}$ 均布四孔的轴线对基准轴线的任意方向位

置度公差，且最大实体要求也应用于基准要素，基准本身遵循独立原则（未注形位公差）。因此基准要素应遵守其最大实体边界，其边界尺寸为基准要素的最大实体尺寸 $D_M = \phi 20mm$。

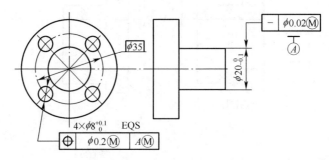

图 4-21　最大实体要求应用于基准要素且基准本身采用最大实体要求

图 4-22（b）表示最大实体要求应用于 $4 \times \phi 8^{+0.1}_0$ 均布四孔的轴线对基准轴线的任意方向位置度公差，且最大实体要求也应用于基准要素，基准本身采用包容要求。因此基准要素也应遵守其最大实体边界，其边界尺寸为基准要素的最大实体尺寸 $D_M = \phi 20mm$。

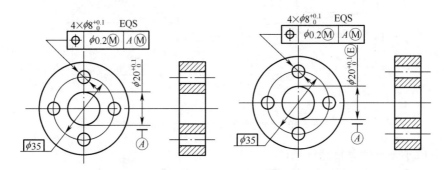

（a）基准本身遵循独立原则　　　　　（b）基准本身采用包容原则

图 4-22　最大实体要求应用于基准要素且基准本身不采用最大实体要求

最大实体要求适用于中心要素，主要用于仅需保证零件的可装配性时。

3. 最小实体要求（LMR）

最小实体要求是指被测要素的实际轮廓应遵守其最小实体实效边界。当其实际尺寸偏离最小实体尺寸时，允许其形位误差值超出在最小实体状态下给出的公差值的一种要求，它既可用于被测中心要素，也可用于基准中心要素。

最小实体要求用于被测要素时，应在被测要素形位公差框格中的公差值后标注符号"Ⓛ"；应用于基准中心要素时，应在被测要素形位公差框格内相应的基准字母代号后标注符号"Ⓛ"。

（1）最小实体要求应用于被测要素。此时被测要素的形位公差值是在该要素处于最小实体状态时给出的。当被测要素的实际轮廓偏离其最小实体状态，即其实际尺寸偏离最小实体尺寸时，形位误差值可以超出在最小实体状态下给出的形位公差值。

最小实体要求应用于被测要素时，被测要素的实际轮廓在给定长度上处处不得超出最小实体实效边界。即其体内作用尺寸不得超出最小实体实效尺寸，且其局部实际尺寸不得超出最大和最小实体尺寸。

对于内表面　　　　　$D_{fi} \leqslant D_{LV} = D_{max} + t，\ D_M = D_{min} \leqslant D_a \leqslant D_L = D_{max}$

对于外表面　　　　　　　　$d_{\mathrm{fi}} \geqslant d_{\mathrm{LV}} = d_{\mathrm{min}} - t$，$d_{\mathrm{M}} = d_{\mathrm{max}} \geqslant d_{\mathrm{a}} \geqslant d_{\mathrm{L}} = d_{\mathrm{min}}$

　　图 4-23（a）表示孔的轴线对基准平面在任意方向的位置度公差采用最小实体要求。当该孔处于最小实体状态时，其轴线对基准平面任意方向的位置度公差为 $\phi 0.4$mm，如图 4-23（b）所示。若孔的实际尺寸向最大实体尺寸方向偏离最小实体尺寸，即小于最小实体尺寸 $\phi 8.25$mm，则其轴线对基准平面的位置度误差可以超出图样给出的公差值 $\phi 0.4$mm，但必须保证其定位体内作用尺寸 D_{fi} 不超出孔的定位最小实体实效尺寸 $D_{\mathrm{LV}} = D_{\mathrm{L}} + t = (8.25 + 0.4)$mm = 8.65mm。所以，当孔的实际尺寸处处相等时，它对最小实体尺寸 $\phi 8.25$mm 的偏离量就等于轴线对基准平面任意方向的位置度公差的增加值。当孔的实际尺寸处处为最大实体尺寸 $\phi 8$mm，即处于最大实体状态时，其轴线对基准平面任意方向的位置度公差可达最大值，且等于其尺寸公差与给出的任意方向位置度公差之和，$t = (0.25 + 0.4)$mm = $\phi 0.65$mm，如图 4-23（c）所示。图 4-23（d）是其动态公差图。

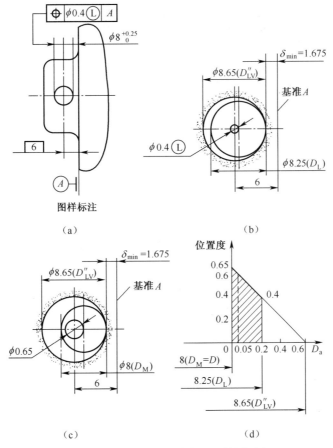

图 4-23　最小实体要求应用于被测要素

　　图 4-23（a）所示孔的尺寸与轴线对基准平面任意方向的位置度的合格条件是：

$$D_{\mathrm{L}} = D_{\mathrm{max}} = 8.25\mathrm{mm} \geqslant D_{\mathrm{a}} \geqslant D_{\mathrm{M}} = D_{\mathrm{min}} = 8\ \mathrm{mm}$$

$$D_{\mathrm{fi}} \leqslant D_{\mathrm{LV}} = 8.65\ \mathrm{mm}$$

　　图 4-24（a）表示 $\phi 8^{+0.65}_{0}$ 孔的轴线对基准平面任意方向的位置度公差采用最小实体要求的零形位公差。当该孔处于最小实体状态时，其轴线对基准平面任意方向的位置度公差为零，即

不允许有位置误差，如图 4-24（b）所示。只有当孔的实际尺寸向最大实体尺寸方向偏离最小实体尺寸，即小于最小实体尺寸 8.65mm 时，才允许其轴线对基准平面有位置度误差，但必须保证其定位体内作用尺寸 D_{fi} 不超出孔的定位最小实体实效尺寸 $D_{LV}=D_L+\ t=(8.65+0)mm=(8.65)mm$。所以当孔的实际尺寸处处相等时，它对最小实体尺寸的偏离量就是轴线对基准平面任意方向的位置度公差。当孔的实际尺寸处处为最大实体尺寸 8mm 时，其轴线对基准平面的位置度公差可达最大值，即孔的尺寸公差值 $t=\phi0.65mm$，如图 4-24（c）所示。图 4-24（d）是其动态公差图。

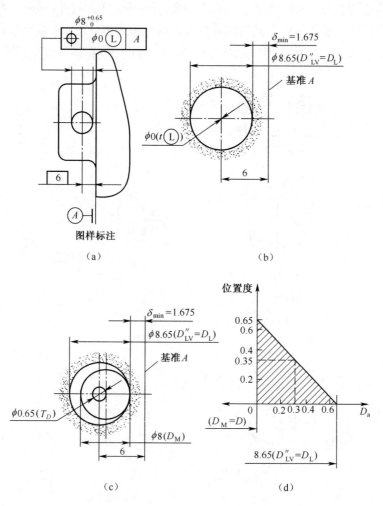

图 4-24　最小实体要求的零形位公差

图 4-23 与图 4-24 两种尺寸公差和位置度公差的标注，具有相同的边界和综合公差，因此具有基本相同的设计要求。它们的差别在于对综合公差的分配有所不同。从两者的定位最小实体实效边界来看，这种设计要求主要是为了在被测孔与基准平面之间保证最小壁厚：

$$\delta_{min}=6-(D_{LV}/2)=6-(8.65/2)=1.675mm$$

（2）最小实体要求应用于基准要素。此时基准要素应遵守相应的边界。若基准要素的实际轮廓偏离其相应的边界，则允许基准要素在一定范围内浮动，其浮动范围等于基准要素的体内作用尺寸与其相应的边界尺寸之差。

最小实体要求应用于基准要素时，基准要素应遵守的边界有两种情况：

1）基准要素本身采用最小实体要求时，应遵守最小实体实效边界。此时基准代号应直接标注在形成该最小实体实效边界的形位公差框格下面，如图 4-25（a）所示。

2）基准要素本身不采用最小实体要求时，应遵守最小实体边界。此时基准代号应标注在基准的尺寸线处，其连线与尺寸线对齐，如图 4-25（b）所示。

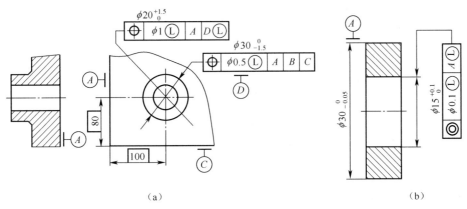

（a）　　　　　　　　　　　　　　　　　（b）

图 4-25　最小实体要求应用于基准要素

最小实体要求运用于中心要素时，主要用于需保证零件的强度和壁厚的情况。

4. 可逆要求（RR）

在不影响零件功能要求的前提下，当被测轴线或中心平面的形位误差值小于给出的形位公差值时，允许相应的尺寸公差增大。它通常与最大实体要求或最小实体要求一起应用。

采用可逆的最大实体要求时，应在被测要素的形位公差框格中的公差值后加注" Ⓜ Ⓡ "。

图 4-26（a）是轴线的直线度公差采用可逆的最大实体要求的示例。当该轴处于最大实体状态时，其轴线直线度公差为 $\phi 0.1$mm，若轴的直线度误差小于给出的公差值，则允许轴的实际尺寸超出其最大实体尺寸 $\phi 20$mm，但必须保证其体外作用尺寸不超出最大实体实效尺寸 $\phi 20.1$mm，所以当轴的轴线直线度误差为零（即具有理想形状）时，其实际尺寸可达最大值，即等于轴的最大实体实效尺寸 $\phi 20.1$mm，如图 4-26（b）所示。图 4-26（c）是其动态公差图。

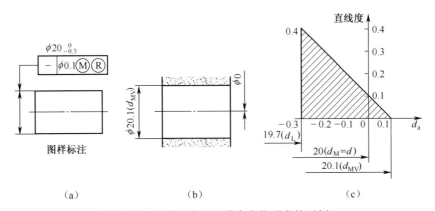

（a）　　　　　　　　（b）　　　　　　　　（c）

图 4-26　可逆要求用于最大实体要求的示例

图 4-26（a）所示的轴的尺寸与轴线直线度的合格条件是：

$$d_a \geqslant d_L = d_{min} = 19.7 \text{mm}$$

$$d_{fe} \leq d_{MV} = d_M + t = 20+0.1 = 20.1mm$$

采用可逆的最小实体要求时，应在被测要素形位公差框格中的公差值后加注"Ⓛ Ⓡ"。

图 4-27（a）表示 $\phi 8^{+0.25}_{0}$ 孔的轴线对基准平面任意方向的位置度公差采用可逆的最小实体要求。当孔处于最小实体状态时，其轴线对基准平面的位置度公差为 0.4mm。若孔的轴线对基准平面的位置度误差小于给出的公差值，则允许孔的实际尺寸超出其最小实体尺寸（即大于8.25mm），但必须保证其定位体内作用尺寸不超出定位最小实体实效尺寸（即 $D_{fi} \leq D_{LV} = D_L + t = 8.25 + 0.4 = 8.65mm$）。所以当孔的轴线对基准平面任意方向的位置度误差为零时，其实际尺寸可达最大值，即等于孔定位最小实体实效尺寸 8.65mm，如图 4-27（b）所示。其动态公差图如图 4-27（c）所示。

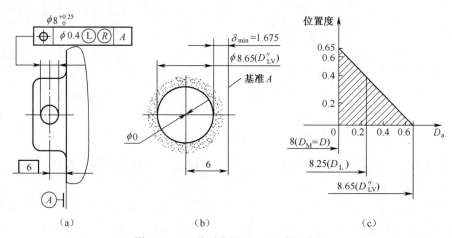

图 4-27　可逆要求用于 LMR 的示例

4.5　形位公差的选用

　　形状和位置公差的设计选用对保证产品质量和降低制造成本具有十分重要的意义。它对保证轴类零件的旋转精度、保证结合件的联接强度和密封性、保证齿轮传动零件的承载均匀性等都有很重要的影响。

　　形状和位置公差的选用主要包括形位公差项目的选择、公差等级与公差值的选择、公差原则的选择和基准要素的选择。

4.5.1　形位公差项目的选择

　　形位公差项目的选择取决于零件的几何特征与功能要求，同时也要考虑检测的方便性。

1. 零件的几何特征

　　形状公差项目主要是按要素的几何形状特征制定的，因此要素的几何特征自然是选择单一要素公差项目的基本依据。例如：控制平面的形状误差应选择平面度；控制导轨导向面的形状误差应选择直线度；控制圆柱面的形状误差应选择圆度或圆柱度等。

　　位置公差项目是按要素间几何方位关系制定的，所以关联要素的公差项目应以它与基准间的几何方位关系为基本依据。对线（轴线）、面可规定定向和定位公差，对点只能规定位置度公差，只有回转零件才能规定同轴度公差和跳动公差。

2．零件的使用要求

零件的功能要求不同，对形位公差应提出不同的要求，所以应分析形位误差对零件使用性能的影响。一般来说，平面的形状误差将影响支承面安置的平稳性和定位可靠性，影响贴合面的密封性和滑动面的磨损；导轨面的形状误差将影响导向精度；圆柱面的形状误差将影响定位配合的连接强度和可靠性，影响转动配合的间隙均匀性和运动平稳性；轮廓表面或中心要素的位置误差将直接决定机器的装配精度和运动精度，如齿轮箱体上两孔轴线不平行将影响齿轮副的接触精度，降低承载能力，滚动轴承的定位轴肩与轴线不垂直，将影响轴承旋转时的精度等。

3．检测的方便性

为了检测方便，有时可将所需的公差项目用控制效果相同或相近的公差项目来代替。

例如要素为一圆柱面时，圆柱度是理想的项目，因为它综合控制了圆柱面的各种形状误差，但是由于圆柱度检测不便，故可选用圆度、直线度几个分项，或者选用径向跳动公差等进行控制。又如径向圆跳动可综合控制圆度和同轴度误差，而径向圆跳动误差的检测简单易行，所以在不影响设计要求的前提下，可尽量选用径向圆跳动公差项目。同样可近似地用端面圆跳动代替端面对轴线的垂直度公差要求。端面全跳动的公差带和端面对轴线的垂直度的公差带完全相同，可互相取代。

4.5.2　形位公差值的选择

GB/T 1184-1996 规定图样中标注的形位公差有两种形式：未注公差值和注出公差值。

（1）未注公差值是各类企业中常用设备能保证的精度。零件大部分要素的形位公差值均应遵循未注公差值的要求，不必注出。只有当要求要素的公差值小于未注公差值时，或者要求要素的公差值大于未注公差值而给出大的公差值后，能给工厂的加工带来经济效益时，才需要在图样中用框格给出形位公差要求。

（2）注出形位公差要求的形位精度高低是用公差等级数字的大小来表示的。按国家标准的规定，对 14 项形位公差特征，除线面轮廓度及位置度未规定公差等级外，其余项目均有规定。一般划分为 12 级，即 1～12 级，1 级精度最高，12 级精度最低；圆度、圆柱度则最高级为 0 级，划分为 13 级。各项目的各级公差值如表 4-9～表 4-12 所示。

表 4-9　直线度和平面度的公差值　　　　　　　（μm）

主参数 L(D)/mm	公差等级											
	1	2	3	4	5	6	7	8	9	10	11	12
	公差值											
≤10	0.2	0.4	0.8	1.2	2	3	5	8	12	20	30	60
>10~16	0.25	0.5	1	1.5	2.5	4	6	10	15	25	40	80
>16~25	0.3	0.6	1.2	2	3	5	8	12	20	30	50	100
>25~40	0.4	0.8	1.5	2.5	4	6	10	15	25	40	60	120
>40~63	0.5	1	2	3	5	8	12	20	30	50	80	150
>63~100	0.6	1.2	2.5	4	6	10	15	25	40	60	100	200
>100~160	0.8	1.5	3	5	8	12	20	30	50	80	120	250
>160~250	1	2	4	6	10	15	25	40	60	100	150	300
>250~400	1.2	2.5	5	8	12	20	30	50	80	120	200	400
>400~630	1.5	3	6	10	15	25	40	60	100	150	250	500
>630~1000	2	4	8	12	20	30	50	80	120	200	300	600

注：主参数 L 系轴、直线、平面的长度。

表 4-10　圆度和圆柱度的公差值　　　　　　　　　　　　（μm）

主参数 d(D)/mm	公差等级												
	0	1	2	3	4	5	6	7	8	9	10	11	12
	公差值												
≤3	0.1	0.2	0.3	0.5	0.8	1.2	2	3	4	6	10	14	25
>3~6	0.1	0.2	0.4	0.6	1	1.5	2.5	4	5	8	12	18	30
>6~10	0.12	0.25	0.4	0.6	1	1.5	2.5	4	6	9	15	22	36
>10~18	0.15	0.25	0.5	0.8	1.2	2	3	5	8	11	18	27	43
>18~30	0.2	0.3	0.6	1	1.5	2.5	4	6	9	13	21	33	52
>30~50	0.25	0.4	0.6	1	1.5	2.5	4	7	11	16	25	39	62
>50~80	0.3	0.5	0.8	1.2	2	3	5	8	13	19	30	46	74
>80~120	0.4	0.6	1	1.5	2.5	4	6	10	15	22	35	54	87
>120~180	0.6	1	1.2	2	3.5	5	8	12	18	25	40	63	100
>180~250	0.8	1.2	2	3	4.5	7	10	14	20	29	46	72	115
>250~315	1.0	1.6	2.5	4	6	8	12	16	23	32	52	81	130
>315~400	1.2	2	3	5	7	9	13	18	25	36	57	89	140
>400~500	1.5	2.5	4	6	8	10	15	20	27	40	63	97	155

注：主参数 d(D) 系轴（孔）的直径。

表 4-11　平行度、垂直度和倾斜度公差值　　　　　　　　　（μm）

主参数 L、d(D) /mm	公差等级											
	1	2	3	4	5	6	7	8	9	10	11	12
	公差值											
≤10	0.4	0.8	1.5	3	5	8	12	20	30	50	80	120
>10~16	0.5	1	2	4	6	10	15	25	40	60	100	150
>16~25	0.6	1.2	2.5	5	8	12	20	30	50	80	120	200
>25~40	0.8	1.5	3	6	10	15	25	40	60	100	150	250
>40~63	1	2	4	8	12	20	30	50	80	120	200	300
>63~100	1.2	2.5	5	10	15	25	40	60	100	150	250	400
>100~160	1.5	3	6	12	20	30	50	80	120	200	300	500
>160~250	2	4	8	15	25	40	60	100	150	250	400	600
>250~400	2.5	5	10	20	30	50	80	120	200	300	500	800
>400~630	3	6	12	25	40	60	100	150	250	400	600	1000
>630~1000	4	8	15	30	50	80	120	200	300	500	800	1200

注：（1）主参数 L 为给定平行度时轴线或平面的长度，或给定垂直度、倾斜度时被测要素的长度；
　　（2）主参数 d(D) 为给定面对线垂直度时，被测要素的轴（孔）直径。

对位置度，国家标准只规定了公差值数系，而未规定公差等级，如表 4-13 所示。

形位公差值的选择原则，是在满足零件功能要求的前提下，兼顾工艺经济性的检测条件，尽量选取较大的公差值。选择的方法有计算法和类比法。

1. 计算法

用计算法确定形位公差值，目前还没有成熟系统的计算步骤和方法，一般是根据产品的功能要求，在有条件的情况下求得形位公差值。

表 4-12　同轴度、对称度、圆跳动和全跳动公差值　　　　　　　　　（μm）

主参数 d(D)、B、L/mm	公差等级											
	1	2	3	4	5	6	7	8	9	10	11	12
	公差值											
≤1	0.4	0.6	1.0	1.5	2.5	4	6	10	15	25	40	60
>1~3	0.4	0.6	1.0	1.5	2.5	4	6	10	20	40	60	120
>3~6	0.5	0.8	1.2	2	3	5	8	12	25	50	80	150
>6~10	0.6	1	1.5	2.5	4	6	10	15	30	60	100	200
>10~18	0.8	1.2	2	3	5	8	12	20	40	80	120	250
>18~30	1	1.5	2.5	4	6	10	15	25	50	100	150	300
>30~50	1.2	2	3	5	8	12	20	30	60	120	200	400
>50~120	1.5	2.5	4	6	10	15	25	40	80	150	250	500
>120~250	2	3	5	8	12	20	30	50	100	200	300	600
>250~500	2.5	4	6	10	15	25	40	60	120	250	400	800
>500~800	3	5	8	12	20	30	50	80	150	300	500	1000
>800~1250	4	6	10	15	25	40	60	100	200	400	600	1200

注：（1）主参数 d(D) 为给定同轴度或给定圆跳动、全跳动时的轴（孔）直径；

　　（2）圆锥体斜向圆跳动公差的主参数为平均直径；

　　（3）主参数 B 为给定对称度时槽的宽度；

　　（4）主参数 L 为给定两孔对称度时的孔心距。

表 4-13　位置度公差值数系

1	1.2	1.5	2	2.5	3	4	5	6	8
1×10^n	1.2×10^n	1.5×10^n	2×10^n	2.5×10^n	3×10^n	4×10^n	5×10^n	6×10^n	8×10^n

注：n 为正整数。

例 4-3　图 4-28 所示为孔和轴的配合，为保证轴能在孔中自由回转，要求最小功能间隙（配合孔轴尺寸考虑形位误差后所得到的间隙）X_{minf} 不得小于 0.02mm，试确定孔和轴的形位公差。

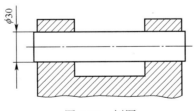

图 4-28　例图

解：此部件主要要求保证配合性质，对轴孔的形状精度无特殊的要求，故采用包容要求给出尺寸公差。两孔同轴度误差对配合性质有影响，故以两孔轴线建立公共基准轴线，并给出两孔轴线对公共基准轴线的同轴度公差。

设孔的直径公差等级为 IT7，轴的直径公差等级为 IT6，则 $T_h=0.021$mm，$T_s=0.013$mm。选用基孔制配合，则孔为 $\phi 30^{+0.021}_{0}$ mm。由于是间隙配合，故轴的基本偏差必须为负值，且绝对值应大于轴、孔的形位公差之和。

因　X_{minf}=EI－es－(t 孔+t 轴)

取轴的基本偏差为 e，则 es＝－0.04mm，故有：

$$0.02 = 0 - (- 0.04) - (t 孔 + t 轴)$$

$$t 孔 + t 轴 = 0.04 - 0.02 = 0.02mm$$

因轴为光轴，如图 4-29 所示。

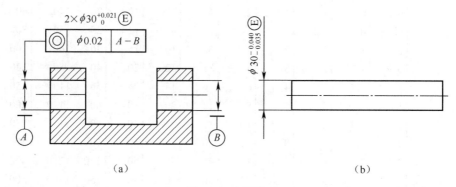

图 4-29　例图标注

2. 类比法

形位公差值常用类比法确定，除主要考虑零件的使用性能、加工的可能性和经济性等因素外，还应考虑：

（1）形状公差与位置公差的关系。同一要素上给定的形状公差值应小于位置公差值，定向公差值应小于定位公差值（t 形状<t 定向<t 定位）。如同一平面上，平面度公差值应小于该平面对基准平面的平行度公差值。

（2）形位公差和尺寸公差的关系。圆柱形零件的形状公差一般情况下应小于其尺寸公差值；线对线或面对面的平行度公差值应小于其相应距离的尺寸公差值。

圆度、圆柱度公差值约为同级的尺寸公差的 50%，因而一般可按同级选取。例如：尺寸公差为 IT6，则圆度、圆柱度公差通常也选 6 级，必要时也可比尺寸公差等级高 1 级到 2 级。

位置度公差通常需要经过计算确定，对用螺栓连接两个或两个以上零件时，若被连接零件均为光孔，则光孔的位置度公差的计算公式为：

$$t \leqslant KX_{min} \tag{4-1}$$

式中：t——位置度公差；K——间隙利用系数，不需要调整的固定连接推荐值为 K=1，需调整的固定连接 K=0.6～0.8；X_{min}——光孔与螺栓间的最小间隙。

用螺钉连接时，被连接零件中有一个是螺孔，而其余零件均是光孔，则光孔和螺孔的位置度公差计算公式为：

$$t \leqslant 0.6KX_{min} \tag{4-2}$$

式中：X_{min}——光孔与螺钉间的最小间隙。

按以上公式计算确定的位置度公差，经圆整后并按表 4-13 所示的数据选择标准的位置度公差值。

（3）形位公差与表面粗糙度的关系。通常表面粗糙度的 Ra 值可占形状公差值的 20%～25%。

（4）考虑零件的结构特点。对于刚性较差的零件（如细长轴）和结构特殊的要素（如跨

距较大的轴和孔、宽度较大的零件表面等），在满足零件功能要求的条件下，可适当降低 1～2
级选用。

表 4-14 至表 4-17 列出了各种形位公差等级的应用举例，可供类比时参考。

表 4-14　直线度、平面度公差等级应用

公差等级	应用举例
1，2	用于精密量具、测量仪器以及精度要求高的精密机械零件，如量块、零级样板、平尺、零级宽平尺、工具显微镜等精密量仪的导轨面等
3	1 级宽平尺工作面，1 级样板平尺的工作面，测量仪器圆弧导轨的直线度，量仪的测杆等
4	零级平板，测量仪器的 V 型导轨，高精度平面磨床的 V 型导轨和滚动导轨等
5	1 级平板，2 级宽平尺，平面磨床的导轨、工作台，液压龙门刨床导轨面，柴油机进气、排气阀门导杆等
6	普通机床导轨面，柴油机机体结合面等
7	2 级平板，机床主轴箱结合面，液压泵盖、减速器壳体结合面等
8	机床传动箱体、挂轮箱体、溜板箱体、柴油机汽缸体，连杆分离面，缸盖结合面，汽车发动机缸盖，曲轴箱结合面，液压管件和法兰连接面等
9	自动车床床身底面，摩托车曲轴箱体，汽车变速箱壳体，手动机械的支承面等

表 4-15　圆度、圆柱度公差等级应用

公差等级	应用举例
0，1	高精度量仪主轴，高精度机床主轴，滚动轴承的滚珠和滚柱等
2	精密量仪主轴、外套、阀套高压油泵柱塞及套，纺织轴承，高速柴油机进、排气门，精密机床主轴轴颈，针阀圆柱表面，喷油泵柱塞及柱塞套等
3	高精度外圆磨床轴承，磨床砂轮主轴套筒，喷油嘴针，阀体，高精度轴承内外圈等
4	较精密机床主轴、主轴箱孔，高压阀门，活塞，活塞销，阀体孔，高压油泵柱塞，较高精度滚动轴承配合轴，铣削动力头箱体孔等
5	一般计量仪器主轴、测杆外圆柱面，陀螺仪轴颈，一般机床主轴轴颈及轴承孔，柴油机、汽油机的活塞、活塞销，与 P6 级滚动轴承配合的轴颈等
6	一般机床主轴及前轴承孔，泵、压缩机的活塞、汽缸，汽油发动机凸轮轴，纺机锭子，减速传动轴轴颈，高速船用发动机曲轴、拖拉机曲轴主轴颈，与 P6 级滚动轴承配合的外壳孔，与 P0 级滚动轴承配合的轴颈等
7	大功率低速柴油机曲轴轴颈、活塞、活塞销、连杆、汽缸，高速柴油机箱体轴承孔，千斤顶或压力油缸活塞，机车传动轴，水泵及通用减速器转轴轴颈，与 P0 级滚动轴承配合的外壳孔等
8	低速发动机、大功率曲柄轴轴颈，压气机连杆盖、体，拖拉机汽缸、活塞，炼胶机冷铸轴辊，印刷机传墨辊，内燃机曲轴轴颈，柴油机凸轮轴承孔，凸轮轴，拖拉机、小型船用柴油机汽缸套等
9	空气压缩机缸体，液压传动筒，通用机械杠杆与拉杆用套筒销子，拖拉机活塞环、套筒孔

表 4-16　平行度、垂直度、倾斜度公差等级应用

公差等级	应用举例
1	高精度机床、测量仪器、量具等主要工作面和基准面等
2，3	精密机床、测量仪器、量具、模具的工作面和基准面，精密机床的导轨，重要箱体主轴孔对基准面的要求，精密机床主轴轴肩端面，滚动轴承座圈端面，普通机床的主要导轨，精密刀具的工作面和基准面等

续表

公差等级	应用举例
4，5	普通机床导轨，重要支承面，机床主轴孔对基准的平行度，精密机床的重要零件，计量仪器、量具、模具的工作面和基准面，床头箱体重要孔，通用减速器壳体孔，齿轮泵的油孔端面，发动机轴和离合器的凸缘，汽缸支承端面，安装精密滚动轴承壳体孔的凸肩等
6，7，8	一般机床的工作面和基准面，压力机和锻锤的工作面，中等精度钻模的工作面，机床一般轴承孔对基准的平行度，变速器箱体孔，主轴花键对定心直径部位轴线的平行度，重型机械轴承盖端面，卷扬机、手动传动装置中的传动轴，一般导轨、主轴箱体孔，刀架，砂轮架，汽缸配合面对基准轴线，活塞销孔对活塞中心线的垂直度，滚动轴承内、外圈端面对轴线的垂直度等
9，10	低精度零件，重型机械滚动轴承端盖，柴油机、煤气发动机箱体曲轴孔、曲轴颈、花键轴和轴肩端面，皮带运输机法兰盘等端面对轴线的垂直度，手动卷扬机及传动装置中的轴承端面，减速器壳体平面等

表 4-17　同轴度、对称度、跳动公差等级应用

公差等级	应用举例
1，2	精密测量仪器的主轴和顶尖，柴油机喷油嘴针阀等
3，4	机床主轴轴颈，砂轮轴轴颈，汽轮机主轴，测量仪器的小齿轮轴，安装高精度齿轮的轴颈等
5，	机床轴颈，机床主轴箱孔，套筒，测量仪器的测量杆，轴承座孔，汽轮机主轴，柱塞油泵转子，高精度轴承外圈，一般精度轴承内圈等
6，7	内然机曲轴，凸轮轴轴颈，柴油机机体主轴承孔，水泵轴，油泵柱塞，汽车后桥输出轴，安装一般精度齿轮的轴颈，涡轮盘，测量仪器杠杆轴，电机转子，普通滚动轴承内圈，印刷机传墨辊的轴颈，键槽等
8，9	内然机凸轮轴孔，连杆小端铜套，齿轮轴，水泵叶轮，离心泵体，汽缸套外径配合面对内径工作面，运输机械滚筒表面，压缩机十字头，安装低精度齿轮用轴颈，棉花精梳机前后滚子，自行车中轴等

4.5.3　公差原则和公差要求的选择

选择公差原则和公差要求时，应根据被测要素的功能要求，各公差原则的应用场合、可行性和经济性等方面来考虑，表 4-18 列出了几种公差原则及要求的应用场合和示例，可供选择时参考。

表 4-18　公差原则和公差要求选择示例

公差原则	应用场合	示例
独立原则	尺寸精度与形位精度需要分别满足要求	齿轮箱体孔的尺寸精度与两孔轴线的平行度；连杆活塞销孔的尺寸精度与圆柱度；滚动轴承内、外圈滚道的尺寸精度与形状精度
	尺寸精度与形位精度要求相差较大	滚筒类零件尺寸精度要求很低，形状精度要求较高；平板的尺寸精度要求不高，形状精度要求很高；通油孔的尺寸有一定精度要求，形状精度无要求
	尺寸精度与形位精度无联系	滚子链条的套筒或滚子内、外圆柱面的轴线同轴度与尺寸精度；发动机连杆上的尺寸精度与孔轴线间的位置精度
	保证运动精度	导轨的形状精度要求严格，尺寸精度一般
	保证密封性	汽缸的形状精度要求严格，尺寸精度一般

公差原则	应用场合	示例
独立原则	未注公差	凡未注尺寸公差与未注形位公差都采用独立原则，如退刀槽、倒角、圆角等非功能要素
包容要求	保证国标规定的配合性质	如ϕ30H7Ⓔ孔与ϕ30h6Ⓔ轴的配合，可以保证配合的最小间隙等于零
	尺寸公差与形位公差间无严格比例关系要求	一般的孔与轴配合，只要求作用尺寸不超越最大实体尺寸，局部实际尺寸不超越最小实体尺寸。
最大实体要求	保证关联作用尺寸不超越最大实体尺寸	关联要素的孔与轴有配合性质要求，在公差框格的第二格标注 0Ⓜ
	保证可装配性	如轴承盖上用于穿过螺钉的通孔;法兰盘上用于穿过螺栓的通孔
最小实体要求	保证零件强度和最小壁厚	如孔组轴线的任意方向位置度公差，采用最小实体要求可保证孔组间的最小壁厚
可逆要求	与最大（最小）实体要求联用	能充分利用公差带，扩大被测要素实际尺寸的变动范围，在不影响使用性能要求的前提下可以选用

4.5.4　基准的选择

基准是确定关联要素间方向和位置的依据。在选择公差项目时，必须同时考虑要采用的基准。基准有单一基准、组合基准及多基准几种形式。选择基准时，一般应从如下几个方面考虑：

（1）根据要素的功能及对被测要素间的几何关系来选择基准。如轴类零件，常以两个轴承为支承运转，其运动轴线是安装轴承的两轴颈公共轴线。因此，从功能要求和控制其他要素的位置精度来看，应选这两处轴颈的公共轴线（组合基准）为基准。

（2）根据装配关系，应选零件上相互配合、相互接触的定位要素作为各自的基准。如盘、套类零件多以其内孔轴线径向定位装配或以其端面轴向定位,因此根据需要可选其轴线或端面作为基准。

（3）从零件结构考虑，应选较宽大的平面、较长的轴线作为基准，以使定位稳定。对结构复杂的零件，一般应选三个基准面，以确定被测要素在空间上的方向和位置。

（4）从加工检测方面考虑，应选择在加工、检测中方便装夹定位的要素为基准。

4.5.5　未注形位公差的规定

为了简化图样，对一般机床加工能保证的形位精度，不必在图样上注出形位公差。图样上没有具体注明形位公差值的要素，其形位精度应按下列规定执行：

（1）对未注直线度、平面度、垂直度、对称度和圆跳动各规定了 H、K、L 三个公差等级，其公差值如表 4-19～表 4-22 所示。采用规定的未注公差值时，应在标题栏附件或技术要求中注出公差等级代号及标准编号，如 "GB/T 1184-H"。

（2）未注圆度公差值等于直径公差值，但不能大于表 4-22 中的径向圆跳动值。

（3）未注圆柱度公差由圆度、直线度和素线平行度的注出公差或未注公差控制。

（4）未注平行度公差值等于尺寸公差值或直线度和平面度未注公差值中的较大者。

（5）未注同轴度的公差值可以和表 4-22 中规定的圆跳动的未注公差值相等。

（6）未注线、面轮廓度，倾斜度，位置度和全跳动的公差值均由各要素的注出或未注线性尺寸公差或角度公差控制。

表 4-19　直线度和平面度未注公差值

公差等级	基本长度范围/mm					
	≤10	>10~30	>30~100	>100~300	>300~1000	>1000~3000
HKL	0.02	0.05	0.1	0.2	0.3	0.4
	0.05	0.1	0.2	0.4	0.6	0.8
	0.1	0.2	0.4	0.8	1.2	1.6

表 4-20　垂直度未注公差值

公差等级	基本长度范围/mm			
	≤100	>100~300	>300~1000	>1000~3000
HKL	0.2	0.3	0.4	0.5
	0.4	0.6	0.8	1
	0.6	1	1.5	2

表 4-21　对称度未注公差值

公差等级	基本长度范围/mm			
	≤100	>100~300	>300~1000	>1000~3000
HKL	0.5	0.5	0.5	0.5
	0.6	0.6	0.8	1
	0.6	1	1.5	2

表 4-22　圆跳动未注公差值

公差等级	公差值/mm
HKL	0.1
	0.2
	0.5

4.5.6　形状和位置公差选择举例

图 4-30 所示为减速器的输出轴，两轴颈 ϕ55j6 与 P0 级滚动轴承内圈相配合，为保证配合性质，采用了包容要求，为保证轴承的旋转精度，在遵循包容要求的前提下，又进一步提出圆柱度公差的要求，其公差值由 GB/T275-93 查得为 0.005mm。该两轴颈上安装滚动轴承后，将分别与减速器箱体的两孔配合，因此需限制两轴颈的同轴度误差，以保证轴承外圈和箱体孔的安装精度，为检测方便，实际给出了两轴颈的径向圆跳动公差值为 0.025mm（跳动公差 7 级）。ϕ62mm 处的两轴肩都是止推面，具有一定的定位作用，为保证定位精度，提出了两轴肩相对于基准轴线的端面圆跳动公差值为 0.015mm（由 GB/T275-93 查得）。

ϕ56r6 和 ϕ45m6 分别与齿轮和带轮配合，为保证配合性质，也采用了包容要求，为保证齿轮的运动精度，对与齿轮配合的 ϕ56r6 圆柱又进一步提出了对基准轴线的径向圆跳动公差值为 0.025mm（跳动公差 7 级）。对 ϕ56r6 和 ϕ45m6 轴颈上的键槽 16N9 和 12N9 都提出了对称度公差值为 0.02mm（对称度公差 8 级），以保证键槽的安装精度和安装后的受力状态。

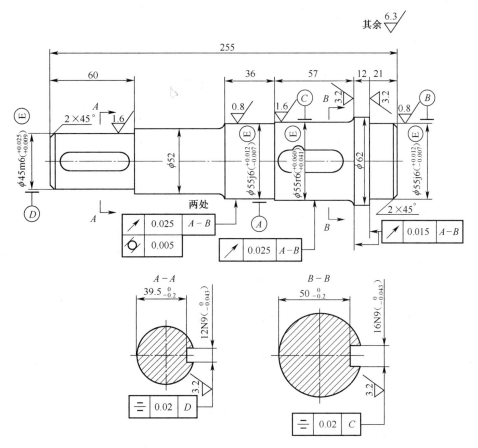

图 4-30　减速器输出轴形位公差标注示例

4.6　形位误差的检测原则

由于零件结构的形式多种多样，形位误差的项目又较多，所以其检测方法也很多。为了能正确地测量形位误差和合理地选择检测方案，国家标准 GB1958-80《形状和位置公差检测规定》规定了形位误差检测的五条原则，它是各种检测方案的概括。检测形位误差时，应根据被测对象的特点和检测条件，按照这些原则选择最合理的检测方案。

4.6.1　与理想要素比较原则

与理想要素比较原则就是将被测实际要素与理想要素相比较，量值由直接法或间接法获得。测量时，理想要素用模拟法获得。理想要素可以是实物，也可以是一束光线、水平面或运动轨迹。

图 4-31（a）为用刀口尺测量给定平面内的直线度误差，刀口尺体现理想直线，将刀口尺与被测要素直接接触，并使两者之间的最大空隙为最小，则此最大空隙即为被测要素的直线度误差。当空隙较小时，可用标准光隙估读；当空隙较大时，可用厚薄规测量。

图 4-31（b）为用水平仪测量机床床身导轨的直线度误差，将水平仪放在桥板上，先调整

被测零件,使被测要素大致处于水平位置,然后沿被测要素按节距移动水平仪进行测量。将测得数据列表作图进行处理,如前述例 4-1 所示,即可求得导轨的直线度误差。

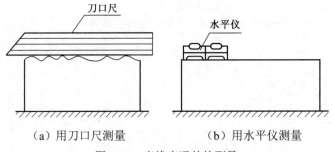

（a）用刀口尺测量   （b）用水平仪测量

图 4-31   直线度误差的测量

对平面度要求很高的小平面,如量块的测量表面和测量仪器的工作台等,可用平晶测量。如图 4-32（a）所示,平晶测量是利用光的干涉原理,以平晶的工作平面体现理想平面,测量时,将平晶贴在被测表面上,观测它们之间的干涉条纹,被测表面的平面度误差为封闭的干涉条纹数乘以光波波长的一半;对于不封闭的干涉条纹,为条纹的弯曲度与相邻两条纹间距之比再乘以光波波长的一半。

对于较大平面的平面度误差,可用自准直仪和反射镜测量,如图 4-32（b）所示,将反射镜放在被测表面上,调整自准直仪大致与被测表面平行,按一定的布点和方向逐点测量;也可用指示表打表测量。所得数据需进行坐标变换（如例 4-2 所示）,使其数据符合最小包容区域法的评定准则之一,然后取其最大值与最小值之差即得平面度误差值。

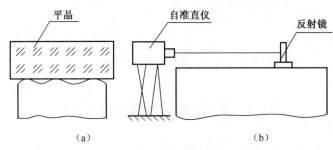

（a）   （b）

图 4-32   平面度的测量

圆度误差可用圆度仪或光学分度头等进行测量,将实际测量出的轮廓圆与理想圆进行比较,得到被测轮廓的圆度误差。

线、面轮廓度误差可用轮廓样板进行比较测量。

4.6.2   测量坐标值原则

测量坐标值原则就是用坐标测量装置（如三坐标测量机、工具显微镜）测量被测实际要素的坐标值（如直角坐标值、极坐标值、圆柱坐标值）,并经过数据处理获得形位误差值。图 4-33 为用坐标测量机测量位置度误差的示例。由坐标测量机测得各孔实际位置的坐标值 (x_1,y_1)、(x_2,y_2)、(x_3,y_3)、(x_4,y_4),计算出相对理论正确尺寸的偏差:

$$\begin{cases} \triangle x_i = x_i - \square \\ \triangle y_i = y_i - \square \end{cases}$$

（4-3）

于是，各孔的位置度误差值可按下式求得：

$$\phi f_{\mathrm{i}} = 2\sqrt{(\triangle x_i)^2 + (\triangle y_i)^2} \qquad (i = 1,2,3,4)$$

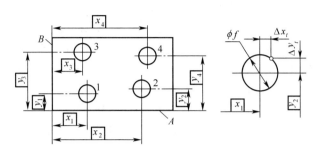

图 4-33 用坐标测量机测量位置度误差示意图

4.6.3 测量特征参数的原则

测量特征参数的原则就是测量被测实际要素中具有代表性的参数（即特征参数）来表示形位误差值。特征参数是指能近似反映形位误差的数。因此，应用测量特征参数原则测得的形位误差，与按定义确定的形位误差相比，只是一个近似值。例如以平面内任意方向的最大直线度误差来表示平面度误差；在轴的若干轴向截面内测量其素线的直线度误差，然后取各截面内测得的最大直线度误差作为任意方向的轴线直线度误差；用两点法测量圆度误差，在一个横截面内的几个方向上测量直径，取最大、最小直径差的一半作为圆度误差。

虽然测量特征参数原则得到的形位误差只是一个近似值，存在测量原理误差，但该原则的检测方法较简单，应用该原则不需要复杂的数据处理，可使测量过程和测量设备简化。因此，在不影响使用功能的前提下，应用该原则可以获得良好的经济效果，常被用于生产车间现场，是一种应用较为普遍的检测原则。

4.6.4 测量跳动原则

测量跳动原则就是在被测实际要素绕基准轴线回转过程中，沿给定方向测量其对某参考点或线的变动量。变动量是指指示器最大与最小读数之差。

当图样上标注圆跳动或全跳动公差时，用该原则进行测量。图 4-34 所示为测量跳动的例子。图 4-34（a）为被测工件通过心轴安装在两同轴顶尖之间，此两同轴顶尖的中心线体现基准轴线；图 4-34（b）为用 V 型块体现基准轴线。测量时，当被测工件绕基准轴线回转一周中，指示表不作轴向（或径向）移动时，可测得径向圆跳动误差（或端面圆跳动误差）；若指示表在测量中作轴向（或径向）移动时，可测得径向全跳动误差（或端面全跳动误差）。

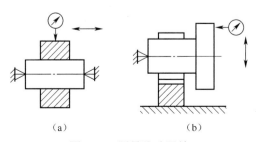

（a）　　　　　　　　　（b）

图 4-34 测量跳动误差

4.6.5　控制实效边界原则

控制实效边界原则就是检验被测实际要素是否超过最大实体实效边界，以判断零件合格与否。该原则只适用于采用最大实体要求的零件，一般采用位置量规检验。

位置量规是模拟最大实体实效边界的全形量规。若被测实际要素能被位置量规通过，则被测实际要素在最大实体实效边界内，表示该项形位公差要求合格；若不能通过，则表示被测实际要素超越了最大实体实效边界。

图 4-35（a）所示的零件的位置度误差可以用图 4-35（b）所示的位置度量规测量。工件被测孔的最大实体实效边界尺寸为 ϕ7.506mm，故量规四个小测量圆柱的基本尺寸也是 ϕ7.506mm。基准要素 B 本身也按最大实体要求标注，应遵守最大实体实效边界，其边界尺寸为 ϕ10.015mm，故量规定位部分的基本尺寸也为 ϕ10.015mm。

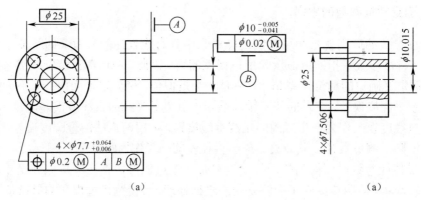

（a）　　　　　　　　　　　　　　　　（a）

图 4-35　用位置量规检验位置度误差

实践与思考

1．什么是形位公差？它们包括哪些项目？用什么符号表示？

2．简述几何要素的分类方法。

3．设计时，图样上标出的基准有哪几种？在公差框格中如何表达它们？

4．将下列各项形位公差要求标注在图 4-36 上。

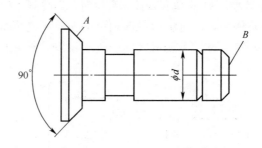

图 4-36　标注形位公差

（1）圆锥面 A 的圆度公差为 0.006mm；

（2）圆锥面 A 的素线直线度公差为 0.005mm；

（3）圆锥面 A 的轴线对 ϕd 圆柱面轴线的同轴度公差为 0.01mm；

（4）ϕd 圆柱面的圆柱度公差为 0.015mm；

（5）右端面 B 对 ϕd 圆柱面轴线的端面圆跳动度公差为 0.01mm。

5．什么是形状误差、定向误差和定位误差？它们应分别按什么方法进行评定和检测？

6．什么为最小条件和最小区域？评定形状误差为什么要按最小条件？评定位置误差是否符合最小条件？

7．体外作用尺寸和体内作用尺寸与最大实体实效尺寸和最小实体实效尺寸有何区别？

8．最大实体边界和最小实体边界与最大实体实效边界和最小实体实效边界有何区别？

9．试分析比较圆度与径向圆跳动两者公差带的异同；圆柱度与径向全跳动两者公差带的异同；端面对轴线的垂直度与端面全跳动两者公差带的异同。

10．形位公差的选用主要包括哪些项目？

11．简述形位误差检测原则的种类与应用。

12．改正图 4-37 和图 4-38 中各项几何公差标注的错误（不改变几何公差项目）。

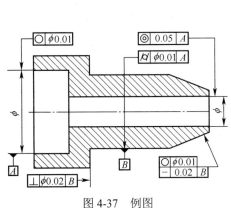

图 4-37　例图

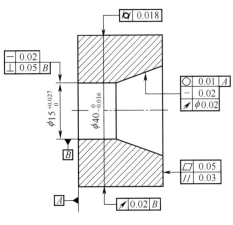

图 4-38　例图

第 5 章　表面粗糙度与检测

5.1　概述

表面粗糙度是指加工表面具有的较小间距和峰谷所组成的微观几何形状特性，它一般由所采用的加工方法和其他因素形成。例如，在切削加工中，由于刀具和零件表面间的摩擦，机床、刀具和工件系统的振动，以及刀具形状、切削用量、切屑分离时工件表面层金属的塑性变形等因素影响，产生许多微小的凹凸不平的痕迹，这种痕迹就是零件表面微观几何形状。表面粗糙度不同于宏观的表面几何形状误差，也不同于介于宏观和微观几何形状误差之间的表面波纹度。零件的表面缺陷（如划伤、裂痕、气孔、毛刺、砂眼等）不属于表面粗糙度范围。一般认为，相邻两波峰或波谷之间的距离（即波距）小于 1 mm 的微观几何形状属于表面粗糙度范围；在 1～10mm 之间的属于表面波纹度；大于 10mm 的属于形状误差，如图 5-1 所示。

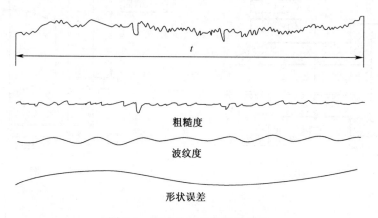

图 5-1　表面几何形状误差分析

零件表面粗糙度的大小对其使用性能有很大影响，主要表现在以下几个方面：

（1）影响零件表面的耐磨性。当两个零件存在凸峰和凹谷并接触时，一般说来，往往是一部分峰顶接触，它比理论上的接触面积要小，单位面积上压力增大，凸峰部分容易产生塑性变形而被折断或剪切，导致磨损加快。为了提高表面的耐磨性，应对表面提出较高的加工精度要求。

（2）影响零件配合性质的稳定性。对有相对运动的间隙配合而言，因粗糙表面相对运动产生磨损，实际间隙会逐渐加大。对过盈配合而言，粗糙表面在装配压入过程中会将凸峰挤平，减小实际有效过盈，降低连接强度。

（3）影响零件的抗疲劳强度。零件表面越粗糙，对应力集中越敏感。若零件受到交变应力作用，零件表面凹谷处容易产生应力集中而引起零件的损坏。

（4）影响零件表面的抗腐蚀性、表面的密封性、表面外观等性能。表面粗糙度的精度要求是否恰当，不但与零件的使用要求有关，而且也会影响零件加工的经济性。因此，在设计零件时，除了要保证零件尺寸、形状和位置的精度要求以外，对零件的不同表面也要提出适当的表面粗糙度要求。

5.2 表面粗糙度的评定

5.2.1 术语与定义

（1）取样长度 lr。

取样长度是指用于判别具有表面粗糙度特征的一段基准线长度。规定取样长度是为了限制和削弱其他几何形状误差对表面粗糙度测量结果的影响。

取样长度的数值系列为 0.08、0.25、0.8、2.5、8、25mm。

零件表面越粗糙，选取的取样长度数值应越大。这是因为，表面越粗糙，波距也越大，选用较大的取样长度才能包含一定数量的凸峰和凹谷。不同的粗糙表面对取样长度的推荐值见表 5-1。

表 5-1 取样长度和评定长度的选用值

Ra /μm	Rz /μm	取样长度/mm	评定长度/mm
>0.008～0.02	>0.025～0.10	0.08	0.40
>0.02～0.1	>0.10～0.50	0.25	1.25
>0.1～2.0	>0.50～10.00	0.80	4.00
>2.0～10.0	>10～50	2.50	12.50
>10.0～80.0	>50～320	8.00	40.00

（2）评定长度 ln。

评定长度是指评定轮廓所必需的一段长度，它可包括一个或几个取样长度。即使零件上的同一个表面，该表面的各部分表面粗糙度也存在不均匀性，所以需要在表面上取几个长度来评定表面粗糙度，一般取 $ln=5lr$。

（3）中线。

中线是指用以评定表面粗糙度参数值大小的一条基准线，其位置在评定的轮廓中部，故称之为中线。中线分为轮廓的最小二乘中线和轮廓的算术平均中线两种。

1）轮廓的最小二乘中线。它用最小二乘法确定，即在取样长度内，使轮廓上各点至一条参考线距离的平方和为最小，这条基准线就是轮廓的最小二乘中线，如图 5-2 所示，即 $\sum_{i=1}^{n} z_i^2$ 为最小。

2）轮廓的算术平均中线。在取样长度内，一条参考线将轮廓分为上下两部分，且上部分所围面积之和等于下部分所围面积之和，这条参考线就是轮廓的算术平均中线，如图 5-3 所示，即 $\sum F_i = \sum F_i'$。

在现代表面粗糙度测量仪器中，借助于计算机容易精确地确定最小二乘中线的位置。用光学仪器测量时，常用目测估计来确定轮廓的算术平均中线。

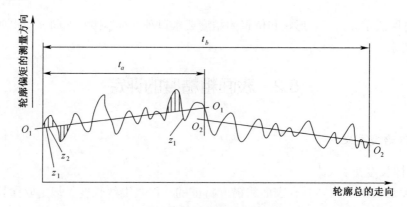

0101、0202-轮廓最小二乘中线

图 5-2　最小二乘中线

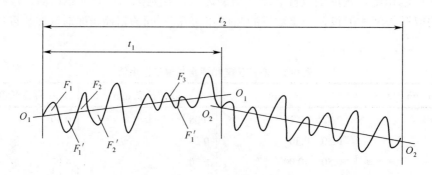

0101、0202-轮廓算术平均中线

图 5-3　算术平均中线

5.2.2　评定表面粗糙度的参数

随着工业技术的不断进步，加工精度的不断提高，对零件的表面质量提出了越来越高的要求，需要用合适的参数对表面轮廓微观几何形状特性做精确的描述。国家标准 GB/T3505-2000 从表面微观几何形状的高度、间距、形状三方面的特征，相应地规定了有关参数。

（1）高度特征参数

1）轮廓算术平均偏差 Ra。在取样长度内，被测轮廓上各点至基准线距离在 z、的算术平均值，称为轮廓算术平均偏差 Ra，如图 5-4 所示。Ra 可表示为

$$Ra = \frac{1}{lr} \int_0^{tr} |z(x)| \, \mathrm{d}x \tag{5-1}$$

或近似为

$$Ra = \frac{1}{n} \sum_{i=1}^{n} |z(x)_i| \tag{5-2}$$

式中，n 为取样长度内的测量点数，其数量不能太少。

2）轮廓最大高度 Rz。在取样长度内，最高轮廓峰顶线 Rp 与最低轮廓谷底线 Rv 之间的距离，称为轮廓最大高度 Rz，如图 5-5 所示。值得注意的是，新标准的 Rz 与旧标准的 Ry 意义一致。Rz 越大，表面越粗糙，但 Rz 不如 Ra 对粗糙度的反应全面。Rz 用公式表示为

$$Rz = Rp + Rv \qquad\qquad (5\text{-}3)$$

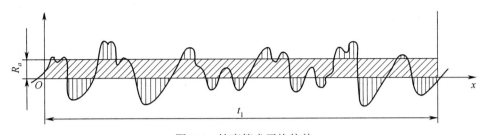

图 5-4　轮廓算术平均偏差

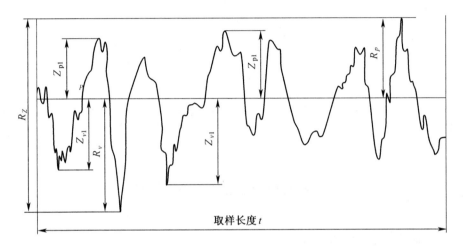

图 5-5　轮廓最大高度

（2）间距特征参数—轮廓单元平均宽度 Rsm。

轮廓单元是轮廓峰和轮廓谷的组合。轮廓单元平均宽度 Rsm 指在一个取样长度内，轮廓单元宽度的平均值，如图 5-6 所示。可表示为：

$$Rsm = \frac{1}{m}\sum_{i=1}^{m} x_{si} \qquad\qquad (5\text{-}4)$$

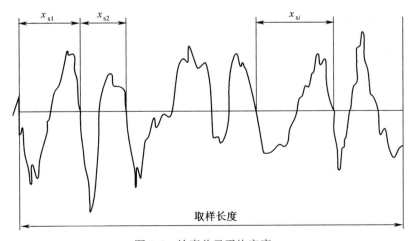

图 5-6　轮廓单元平均宽度

（3）形状特征参数轮—轮廓支承长度率 Rmr (c)。

轮廓支承长度率 Rmr (c)在指定水平位置 C 上的轮廓实体材料长度 ml (c)与评定长度之比，如图 5-7 所示。可表示为

$$Rmr(c) = \frac{Ml(c)}{ln}$$
（5-5）

$$Ml(C) = Ml_1 + Ml_2 + \cdots + Ml_n$$
（5-6）

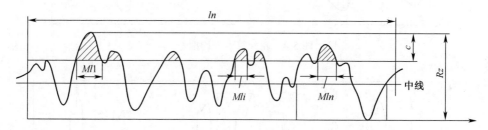

图 5-7　轮廓支承长度率

由图 5-7 可知，平行于中线的直线在轮廓上截取的位置不同，即水平截距 c 不同，则所得到的支承长度也不同。因此，支承长度率应该对应于水平截距 c 给出，轮廓支承长度率用百分数表示。

5.3　表面粗糙度的选用与标注

5.3.1　表面粗糙度参数的选用

在零件选用表面粗糙度参数时，绝大多数情况下，只要选用高度特征参数即可。只有当高度特征参数不能满足零件的使用要求时，才附加给出间距特征参数或形状特征参数。例如，对零件表面的耐磨性能要求较高时，可选用高度特征参数，附加选用轮廓支承长度率。

在高度特征参数中，轮廓算术平均偏差 Ra 能较全面、客观地反映表面微观几何形状的特性，可优先选用。Rz 只能反映轮廓的峰高和谷深，不能反映其尖锐或平钝的几何特性，且因为测点数偏少，反映表面微观几何形状的特性不如 Ra。Ra 与 Rz 可以联合使用。

5.3.2　表面粗糙度参数数值的选用

设计零件时，应该按国家标准 GB/T 3505-2000《产品几何技术规范表面结构轮廓法表面结构的术语定义及参数》规定的参数值系列选取，各参数值分别见表 5-2 和表 5-3。选用高度参数时一般采用类比法。表 5-4 给出了不同表面粗糙度的表面特性、经济加工方法及应用举例，可供选用时参考。

表 5-2　Ra 和 Rz 参数值

Ra 参数值				Rz 参数值			
0.012	0.1	0.8	6.3	0.025	0.2	1.6	12.5
0.025	0.2	1.6	12.5	0.05	0.4	3.2	25
0.05	0.4	3.2	25	0.1	0.8	6.3	50

表 5-3 *Rsm* 和 *Rmr* (*c*)参数值

Rsm 参数值				*Rmr* (*c*)参数值			
0.006	0.05	0.4	3.2	10	25	50	80
0.0125	0.1	0.8	6.3	15	30	60	90
0.025	0.2	1.6	12.5	20	40	70	

表 5-4 表面粗糙度的表面特性、经济加工方法及应用举例

表面微观特性		*Ra* /μm	*Rz* /μm	加工方法	应用举例
粗糙表面	微见刀痕	≤20	≤80	粗车、粗刨、粗铣、钻、毛锉、锯断	半成品粗加工的表面，非配合加工表面，如轴端面、倒角、钻孔、齿轮带轮侧面、键槽底面、垫圈接触面
半光表面	微见加工痕迹	≤10	≤40	车、刨、铣、镗、钻、粗铰	轴上不安装轴承、齿轮的非配合表面，紧固件自由装配表面，孔和轴的退刀槽
	微见加工痕迹	≤5	≤20	车、刨、铣、撞、磨、拉、粗刮、滚压	半精加工表面，箱体、支架、改盖面、套筒等其他零件结合而与配合要求的表面，需发蓝的表面
	看不清加工痕迹	≤2.5	≤10	车、刨、铣、镀、磨、拉、刮、压	接近精加工表面，齿轮工作面，箱体上安装轴承的撞孔表面
光表面	可辨加工痕迹方向	≤1.25	≤6.3	车、锉、磨、拉、刮、精铰、磨齿、滚压	圆柱销、圆锥销，与滚动轴承配合的表面，普通车床导轨面，内外花键定心表面
	微辨加工痕迹方向	≤0.63	≤3.2	精铰、精锉、磨、刮、滚压	要求配合性质稳定的配合表面，工作时受交变应力的零件，高精车床导轨面
	不可辨加工痕迹方向	≤0.32	≤16	精磨、珩磨、研磨、超精加工	精密车床主轴锥孔、顶尖圆锥面、发动机曲轴、凸轮轴工作表面，高精度齿轮表面
极光表面	亮光泽面	≤0.16	≤0.8	精磨、研磨、普通抛光	精密机床主轴轴颈表面、一般量规工作表面、汽缸套内表面、活塞销表面
	亮光泽面	0.08	≤0.4	超精磨、精抛光、镜面磨削	精密机床主轴轴颈表面，滚动轴承滚珠、高压油泵中柱塞和柱塞配合的表面
	镜状光泽面	≤0.04	≤0.2		
	镜面	≤0.01	≤0.05	镜面磨削、超精研	高精度量仪、量块的工作表面、光学仪器的金属镜面

表面粗糙度的参数值选用是否恰当，不仅与零件的使用性能有关，还影响加工的经济性。一般选用原则有以下几点：

（1）同一零件上，重要表面的 *Ra* 或者 *Rz* 值比非重要表面要小。运动速度高、单位面积压力大、受交变应力作用的重要零件圆角沟槽处，应有较小的表面粗糙度；配合性质要求高的配合表面，如小间隙配合的运动表面、受重载荷作用的过盈配合表面，应有较小的表面粗糙度；有密封性、防腐性或外观要求的表面粗糙度值要小。

（2）同一零件上，工作表面比非工作表面的表面粗糙度值要小；摩擦表面比非摩擦表面粗糙度值要小，滚动摩擦比滑动摩擦表面粗糙度值要小。

（3）在确定表面粗糙度参数值时，应注意与尺寸公差与几何公差相协调。几何公差与表面粗糙度参数值的关系见表 5-5，可供选用时参考。

表5-5　几何公差与表面粗糙度参数值的关系

几何公差 t 占尺寸公差 T 的百分比（%）	表面粗糙度参数值占尺寸公差 T 的百分比（%）	
	Ra/T（%）	Rz/T（%）
~60	≤5.0	≤20
~40	≤2.5	≤10
~25	≤1.2	≤5

（4）凡有关标准已对表面粗糙度要求单独作出规定，则应按该标准确定。例如，与滚动轴承配合的轴颈和外壳孔的表面粗糙度，应根据滚动轴承的要求确定。

5.3.3　表面粗糙度的标注

（1）表面粗糙度符号。

在图样上标注的表面粗糙度符号有三种，另有附加符号两种，见表5-6。

表5-6　表面粗糙度符号（GB/T131-2006）

符号	说明
$\checkmark$	表面可用任何方法获得
$\overset{\bigcirc}{\checkmark}$	表面用不去除材料的方法获得，如铸造、锻造、冲压、粉末冶金等
$\overline{\checkmark}$	表面用去除材料方法获得，如车、铣、刨、磨、抛光等
$\overset{\bigcirc}{\overline{\checkmark}}\ \overset{\bigcirc}{\overline{\checkmark}}\ \overline{\checkmark}$	在上述三个符号上加一横线，用于标注有关参数和说明
$\overset{\bigcirc}{\checkmark}\ \overset{\bigcirc}{\checkmark}\ \overset{\bigcirc}{\checkmark}$	在上述三个符号上加一圆圈，表示所有表面具有相同的表面粗糙度要求

（2）表面粗糙度代号及其标注。

1）高度参数的标注。

表面粗糙度数值及有关规定在符号中的位置如图5-8所示。图5-8（a）所示为旧标准规定的粗糙度代号注法，图5-8（b）所示为新标准规定的粗糙度代号注法。

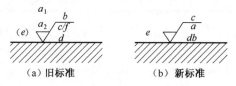

（a）旧标准　　　　　（b）新标准

图5-8　表面粗糙度代号注法

表面粗糙度高度参数是基本参数，Ra 值的标注在代号中用数值表示，参数前可不标注参数代号，Rz 参数值前必须标注相应的代号，见表5-7中旧标准所示。新标准 GB/T131-2006《产品几何技术规范（GPS）技术产品文件中表面结构的表示法》规定，Ra、Rz 值前必须标注相应参数代号。该表以去除材料方法获得的表面为例，若表面用不去除材料方法获得或任意方法获得，则应换成相应符号。

$a1$，$a2$ 为粗糙度高度参数代号及其数值，μm；

b 为加工方法、镀覆、涂覆、表面处理或其他说明等；

c 为取样长度或波纹度，μm；

d 为加工纹理方向符号；

e 为加工余量，μm；

f 为粗糙度间距参数值（mm），或轮廓支承长度率。

表 5-7 表面粗糙值高度参数的标注

旧标准代号	新标准代号	意义
3.2 ▽	√$\overline{Ra3.2}$	用去除材料方法获得表面粗糙度 *Ra* 上限值 3.2
3.2max ▽	√$\overline{Ra\,max3.2}$	用去除材料方法获得表面粗糙度 *Ra* 最大值 3.2
3.2 1.6 ▽	√$\overline{\begin{array}{l}U\,Ra3.2\\L\,Ra1.6\end{array}}$	用去除材料方法获得表面粗糙度 *Ra* 上限值 3.2，*Ra* 下限值 1.6
3.2max 1.6min ▽	√$\overline{\begin{array}{l}Ra\,max3.2\\Ra\,min1.6\end{array}}$	用去除材料方法获得表面粗糙度 *Ra* 最大值 3.2，*Ra* 最小值 1.6
*Rz*3.2 ▽	√$\overline{Rz3.2}$	用去除材料方法获得表面粗糙度 *Rz* 上限值 3.2
*Rz*3.2max ▽	√$\overline{Rz\,max3.2}$	用去除材料方法获得表面粗糙度 *Rz* 最大值 3.2
*Rz*1.6 *Rz*3.2 ▽	√$\overline{\begin{array}{l}U\,Rz3.2\\L\,Rz1.6\end{array}}$	用去除材料方法获得表面粗糙度 *Rz* 上限值 3.2，*Rz* 下限值 1.6
*Rz*1.6min *Rz*3.2max ▽	√$\overline{\begin{array}{l}Rz\,max3.2\\Rz\,min1.6\end{array}}$	用去除材料方法获得表面粗糙度 *Ra* 最大值 3.2，*Rz* 最小值 1.6

需要注意的是，表面粗糙度参数值的"上限值"（或"下限值"）和"最大值"（或"最小值"）的含义是有区别的。"上限值"表示所有实测值中允许 16% 的测得值超过规定值，称为"16% 规则"，而"最大值"表示不允许任何测得值超过规定值，称为"最大规则"。

值得一提的是，由于均为推荐性标准，新旧标准将在一段时间内共存。

2）其他项目的标注。

评定决定一般按国家标准选取 5 个取样长度，在图样上可以省略标注；若选用非标准值（3 个），则应在相应位置标注，见图 5-9（a）。若表面要按指定方法加工，则可标注文字见图5-9（b）；若需要控制表面加工纹理方向，可加注纹理符号，见图 5-9（c）。

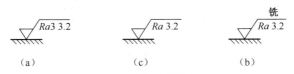

图 5-9 其他符号的标注

国家规定的纹理加工方向见表 5-8 所示，其余项目标注见相关标准。

（3）图样上的标注。

表面粗糙度符号在图样上一般标注在可见轮廓处，也可标注在轮廓引出线尺寸线或公差框格上方，见图 5-10。图 5-10（a）、（b）分别为旧标准和新标准图样标注示例。

表 5-8　纹理加工符号及说明

符号	图例与说明	符号	图例与说明
一	纹理沿平行方向	M	纹理呈多方向
⊥	纹理沿垂直方向	C	纹理近似为以表面的中心为圆心的同心圆
X	纹理沿二交叉方向	R	纹理近似为通过表面中心的辐线
		P	纹理无方向或呈凸起的细粒状

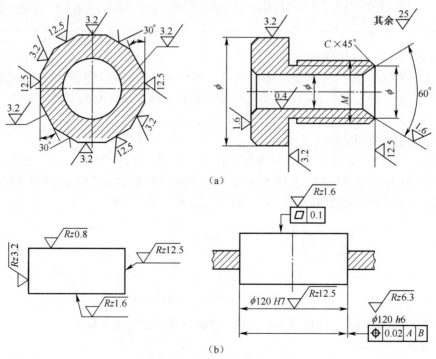

（a）

（b）

图 5-10　粗糙度图样标注示例

5.4　表面粗糙度的检测

表面粗糙度的检测方法主要有比较法、针触法、光波干涉法、光切法 4 种。

（1）比较法。

比较法是将被检验表面与表面粗糙度样板直接进行比较，二者的加工方法与材料应尽可能相同。零件批量大时，可将先加工的若干零件表面粗糙度检验合格后作为样板使用。

（2）针触法。

针触法是一种接触式测量表面粗糙度的方法。测量原理是：利用仪器的触针在被测量表面上轻轻划过，被测表面轮廓的微观不平痕迹会使触针做垂直于轮廓走向的运动，触针的位移通过传感器转换成电信号，经过进一步处理后，可以得到表面粗糙度的参数值。有些测量仪还可以与计算机连接，可求得多种表面粗糙度参数值，或显示被测轮廓图形。

应用针触法测量表面粗糙度的仪器是各种轮廓仪，测量范围是 Ra 值为 0.03～6.3μm。

（3）光波干涉法。

光波干涉法利用光波干涉原理测量表面粗糙度，是一种非接触测量方法。常见的仪器是干涉显微镜，测量范围是 Rz 值为 0.03～0.1μm，适宜测量 Rz 值。干涉显微镜和双管显微镜的价格较感触法所用轮廓仪器便宜，所以应用广泛，但测量效率低。

（4）光切法。

光切法应用光切原理测量，也是非接触测量方法。常见的仪器是双管显微镜，测量范围 Rz 值为 0.06～80μm，适宜测量 Rz 值。该部分内容可参考公差实验指导书或其他书籍。

实践与思考

1. 表面粗糙读评定参数 Ra 和 Rz 的含义是什么？
2. 什么是取样长度和评定长度？二者有何关系？
3. $\phi40H7$ 和 $\phi80H7$、$\phi40H6/f5$ 和 $\phi40H6/s5$ 中，哪个粗糙度值应选小些？
4. 改正图 5-11 标注错误。

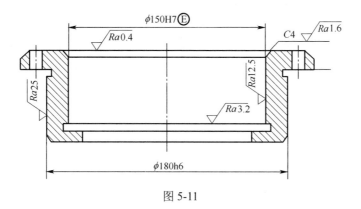

图 5-11

第6章 滚动轴承、键和花键、螺纹的互换性

6.1 滚动轴承的公差与配合

滚动轴承、键和花键、螺纹连接在工程中使用非常广泛，学习和掌握滚动轴承、键和花键、螺纹连接的互换性知识与检测方法，对于机械设计、产品制造与维修技术都具有重大的意义。

6.1.1 滚动轴承的组成和形式

滚动轴承是一种标准部件，它由专业的企业生产，供各种机械选用。滚动轴承一般由内圈、外圈、滚动体（钢球或滚子）和保持架（又称隔离圈）等组成（图 6-1（a））。

滚动轴承的形式很多。按滚动体的形状不同，可分为球轴承和滚子轴承；按受负荷的作用方向，则可分为向心轴承、推力轴承、向心推力轴承，如图 6-1 所示。

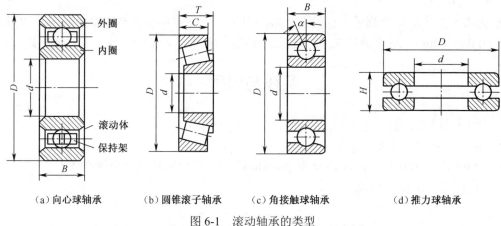

（a）向心球轴承　　（b）圆锥滚子轴承　　（c）角接触球轴承　　（d）推力球轴承

图 6-1　滚动轴承的类型

通常，滚动轴承内圈装在传动轴的轴颈上，随轴一起旋转，以传递扭矩；外圈固定于机体孔中，起支承作用。因此，内圈的内径（d）和外圈的外径（D）是滚动轴承与结合件配合的基本尺寸。

设计机械需采用滚动轴承时，除了确定滚动轴承的型号外，还必须选择滚动轴承的精度等级、滚动轴承与轴和外壳孔的配合、轴和外壳孔的形位公差及表面粗糙度参数。

6.1.2 滚动轴承的精度等级及其应用

根据 GB/T307.3－1996 规定，滚动轴承按其基本尺寸精度和旋转精度分类。向心轴承分为 0、6、5、4 和 2 五个精度等级（相当于用 GB307.3－84 中的 G、E、D、C 和 B 级）；圆锥滚子轴承分为 0、6x、5 和 4 四个精度等级；推力轴承分为 0、6、5、4 四个精度等级。

滚动轴承的基本尺寸精度是：轴承内径（d）、外径（D）的制造精度；轴承内圈宽度（B）

和外圈宽度（C）的制造精度；圆锥滚柱轴承装配高（T）的精度等。

滚动轴承的旋转精度是：成套轴承内、外圈的径向跳动（K_{ia}，K_{ea}）；成套轴承内、外圈端面对滚道的跳动（S_{ia}，S_{ea}）；内圈基准端面对内孔的跳动（S_d）；外径表面母线对基准端面的倾斜度的变动量（S_D）等。

滚动轴承各级精度的应用情况如下：

0 级（普通精度级）轴承应用在中等负荷、中等转速和旋转精度要求不高的一般机构中，如普通机床。汽车和拖拉机的变速机构和普通电机、水泵、压缩机的旋转机构的轴承。

6 级（中等精度级）轴承应用于旋转精度和转速较高的旋转机构中，如普通机床的主轴轴承、精密机床传动轴使用的轴承。

5、4 级（高、精精度级）轴承应用于旋转精度高和转速高的旋转机构中，如精密机床的主轴轴承，精密仪器和机械使用的轴承。

2 级轴承应用于旋转精度和转速很高的旋转机构中，如精密坐标镗床的主轴轴承、高精度仪器和高转速机构中使用的轴承。

6.1.3　滚动轴承与轴、外壳孔的配合特点

滚动轴承的内、外圈都是宽度较小的薄壁件。在其加工和未与轴、外壳孔装配的自由状态下容易变形（如变成椭圆形），但在装入外壳孔和轴上之后，这种变形又容易得到矫正。因此，滚动轴承国家标准（GB/T307.1－1994）规定了轴承内、外径的平均直径 d_{mp}、D_{mp} 的公差，用以确定内、外圈结合直径的公差带。平均直径的数值是轴承内、外径局部实际尺寸的最大值与最小值的平均值。

0、6 级向心轴承和向心推力球轴承的内、外圈平均直径的极限偏差分别见表 6-1、表 6-2。

表 6-1　0、6 级内圈平均直径的极限偏差（摘自 GB/T307.1－1994）

d/mm			>10～18	>18～30	>30～50	>50～80	>80～120	>120～180
Δd_{mp} /μm	0 级	上偏差	0	0	0	0	0	0
		下偏差	−8	−10	−12	−15	−20	−25
	6 级	上偏差	0	0	0	0	0	0
		下偏差	−7	−8	−10	−12	−15	−18

表 6-2　0、6 级外圈平均直径的极限偏差（摘自 GB/T307.1－1994）

D/mm			>30～50	>50～80	>80～120	>120～150	>150～180	>180～250
ΔD_{mp} /μm	0 级	上偏差	0	0	0	0	0	0
		下偏差	−11	−13	−15	−18	−25	−30
	6 级	上偏差	0	0	0	0	0	0
		下偏差	−9	−11	−13	−15	−18	−20

由于滚动轴承是精密的标准部件，使用时不能再进行附加加工。因此，轴承内圈与轴采用基孔制配合，外圈与外壳孔采用基轴制配合，见图 6-2。

由图 6-2 可知，在轴承内圈与轴的基孔制配合中，轴的各种公差带与一般圆柱结合基孔制配合中的轴公差带相同；但作为基准孔的轴承内圈孔，其公差带位置和大小都与一般基准孔不

同。一般基准孔的公差带布置在零线之上，而轴承内圈孔的公差带则是布置在零线之下，并且公差带的大小不是采用《极限与配合》标准中的标准公差，而是用轴承内圈平均内径（d_{mp}）的公差。这种特殊的布置给配合带来一个特点，即在采用相同的轴公差带的前提下，其所得配合比一般基孔制的相应配合要紧些，这是为了适应滚动轴承配合的特殊需要。因为在多数情况下，轴承内圈是随传动轴一起转动，传递扭矩，并且不允许轴孔之间有相对运动，所以两者的配合应具有一定的过盈。但由于内圈是薄壁零件，又常需维修拆换，故过盈量又不宜过大。而一般基准孔，其公差带是布置在零线上侧，若选用过盈配合，则其过盈量太大；如果改用过渡配合，又可能出现间隙，使内圈与轴在工作时发生相对滑动，导致结合面被磨损。为此国家标准规定，所有精度级轴承内圈 d_{mp} 的公差带布置于零线的下侧。这样当其与过渡配合中的 k6、m6、n6 等轴构成配合时，将获得比一般基孔制过渡配合规定的过盈量稍大的过盈配合；当与g6、h6 等轴构成配合时，不再是间隙配合，而成为过渡配合。

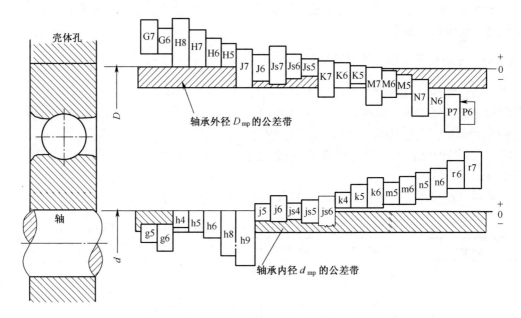

图 6-2　滚动轴承与轴、外壳孔配合的公差带图

　　在轴承外圈与外壳孔的基轴制配合中，外壳孔的各种公差带与一般圆柱结合基轴制配合中的孔公差带相同；作为基准轴的轴承外圈圆柱面，其公差带位置虽与一般基准轴相同，但其公差带的大小不采用《极限与配合》标准中的标准公差，而是用轴承外圈平均外径（D_{mp}）的公差，所以其公差带也是特殊的。由于多数情况下，轴承内圈和传动轴一起转动，外圈安装在壳体孔中不动，故外圈与壳体孔的配合不要求太紧。因此，所有精度级轴承外圈 D_{mp} 的公差带位置仍按一般基轴制规定，将其布置在零线的下侧。

　　应当指出，由于滚动轴承结合面的公差带是特别规定的，因此，在装配图上对轴承的配合，仅标注基本尺寸及轴、外壳孔的公差带代号，如图 6-5 所示。

6.1.4　滚动轴承配合的选择

　　选择滚动轴承配合之前，必须首先确定轴承的精度等级。精度等级确定后，轴承内、外圈基准结合面的公差带也就随之确定。因此，选择配合其实就是选择与内圈结合的轴的公差带及与外圈结合的孔的公差带。

1. 轴和外壳孔的公差带

滚动轴承基准结合面的公差带单向布置在零线下侧，既可满足各种旋转机构不同配合性质的需要，又可以按照标准公差来制造与之相配合的零件。轴和外壳孔的公差带就是从《极限与配合》标准中选取的。

国家标准《滚动轴承与轴和外壳孔的配合》（GB/T275－1993）规定的公差带见表6-3，其公差带图见图6-2。

表 6-3　轴和外壳孔的公差带（摘自 GB/T275－1993）

轴承精度	轴公差带		外壳孔公差带		
	过渡配合	过盈配合	间隙配合	过渡配合	过盈配合
0	h9 h8 g6、h6、j6、js6 g5、h5、j5	r7 k6、m6、n6、p6、r6 k5、m5	H8 G7、H7 H6	J7、Js7、K7、M7、N7 J6、Js6、K6、M6、N6	P7 P6
6	g6、h6、j6、js6 g5、h5、j5	r7 k6、m6、n6、p6、r6 k5、m5	H8 G7、H7 H6	J7、Js7、K7、M7、N7 J6、Js6、K6、M6、N6	P7 P6
5	h5、j5、js5	k6、m6 k5、m5	G6、H6	Js6、K6、M6 Js5、K5、M5	
4	h5、js5 h4、js4	k5、m5 k4	H5	K6 Js5、K5、M5	

注：①孔 N6 与 0 级精度轴承（外径 D<150mm）和 6 级精度轴承（外径 D<315mm）的配合为过盈配合；
　　②轴 r6 用于内径 d>120～500mm；轴 r7 用于内径 d>180～500mm。

2. 轴和外壳孔公差带的选用

正确地选用轴和外壳孔的公差带，对于充分发挥轴承的技术性能，保证机构的运转质量、使用寿命有着重要的意义。

影响公差带选用的因素较多，如轴承的工作条件（负荷类型、负荷大小、工作温度、旋转精度、轴向游隙），配合零件的结构、材料及安装与拆卸的要求等。一般根据轴承所承受的负荷类型和大小来决定。

（1）负荷的类型。

作用在轴承上的合成径向负荷是由定向负荷和旋转负荷合成的。若合成径向负荷的作用方向是固定不变的，称为定向负荷（如皮带的拉力、齿轮的传递力）；若合成径向负荷的作用方向是随套圈（内圈或外圈）一起旋转的，则称为旋转负荷（如镗孔时的切削力）。根据套圈工作时相对于合成径向负荷的方向，可将负荷分为三种类型：局部负荷、循环负荷和摆动负荷。

局部负荷：作用在轴承上的合成径向负荷与套圈相对静止，即作用方向始终不变地作用在套圈滚道的局部区域上，该套圈所承受的这种负荷称为局部负荷（图6-3（a）的外圈和（b）的内圈）。

　　循环负荷：作用于轴承上的合成径向负荷与套圈相对旋转，即合成径向负荷顺次地作用在套圈滚道的整个圆周上，该套圈所承受的这种负荷称为循环负荷。例如轴承承受一个方向不变的径向负荷 Rg，旋转套圈所承受的负荷性质即为循环负荷（图 6-3（a）的内圈和（b）的外圈）。

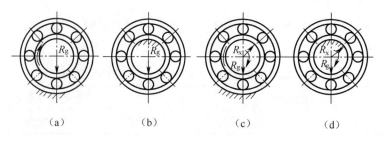

图 6-3　轴承承受的负荷类型

　　摆动负荷：作用于轴承上的合成径向负荷与所承受的套圈在一定区域内相对摆动，即合成径向负荷经常变动地作用在套圈滚道的局部圆周上，该套圈所承受的负荷称为摆动负荷。

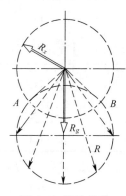

图 6-4　摆动负荷

　　例如轴承承受一个方向不变的径向负荷 Rg，和一个较小的旋转径向负荷 Rx，两者的合成径向负荷 R，其大小与方向都在变动。但合成径向负荷 R 仅在非旋转套圈一段滚道内摆动（图 6-4），该套圈所承受的负荷性质即为摆动负荷（图 6-3（c）的外圈和 d 的内圈）。

　　轴承套圈承受的负荷类型不同，选择轴承配合的松紧程度也应不同。承受局部负荷的套圈，局部滚道始终受力，磨损集中，其配合应选松些（选较松的过渡配合或具有极小间隙的间隙配合）。这是为了让套圈在振动、冲击和摩擦力矩的带动下缓慢转位，以充分利用全部滚道并使磨损均匀，从而延长轴承的寿命。但配合也不能过松，否则会引起套圈在相配件上滑动而使结合面磨损。对于旋转精度及速度有要求的场合（如机床主轴和电机轴上的轴承），则不允许套圈转位，以免影响支承精度。

　　承受循环负荷的套圈，滚道各点循环受力，磨损均匀，其配合应选紧些（选较紧的过渡配合或过盈量较小的过盈配合）。因为套圈与轴颈或外壳孔之间工作时不允许产生相对滑动，以免结合面磨损，并且要求在全圆周上具有稳固的支承，以保证负荷能最佳分布，从而充分发挥轴承的承载力。但配合的过盈量也不能太大，否则会使轴承内部的游隙减少以致完全消失，产生过大的接触应力，影响轴承的工作性能。承受摆动负荷的套圈，其配合松紧介于循环负荷与局部负荷之间。

　　（2）负荷的大小。

　　滚动轴承套圈与轴颈或壳体孔配合的最小过盈，取决于负荷的大小。国家标准将当量径向负荷 P 分为三类：径向负荷 $P<0.07C$ 的称为轻负荷；$0.07C<P<0.15C$ 的称为正常负荷，$P>0.15C$ 的称为重负荷（C 为轴承的额定负荷）。

　　承受较重的负荷或冲击负荷时，将引起轴承较大的变形，使结合面间实际过盈减小和轴承内部的实际间隙增大，这时为了使轴承运转正常，应选较大的过盈配合。同理，承受较轻的负荷时，可选较小的过盈配合。

当轴承内圈承受循环负荷时，它与轴颈配合所需的最小过盈（$Y_{\text{min 计算}}$）可按下式计算：

$$Y_{\text{min 计算}}=-\frac{13Rk}{b10^6} \tag{6-1}$$

式中：R——轴承承受的最大径向负荷，单位为 kN；

　　　k——与轴承系列有关的系数，轻系列 $k=2.8$，中系列 $k=2.3$，重系列 $k=2$；

　　　b——轴承内圈的配合宽度（$b=B-2r$，B 为轴承宽度，r 为内圈倒角），单位为 m。

为避免套圈破裂，必须按不超出套圈允许的强度计算其最大过盈（$Y_{\text{max 计算}}$）：

$$Y_{\text{max 计算}}=-\frac{11.4kd\left[\sigma_p\right]}{(2k-2)\times10^3} \quad（mm） \tag{6-2}$$

式中：$\left[\sigma_p\right]$——允许的拉应力，单位为 10^5Pa，轴承钢的拉应力 $\left[\sigma_p\right]\approx400$（$10^5$Pa）；

　　　d——轴承内圈内径，单位为 m；

　　　k——同前述含义。

当已选定轴承的精度等级和型号时，即可根据计算得到的 $Y_{\text{min 计算}}$，从国标中查出轴承内径平均直径 d_{mp} 的公差带，选取轴的公差带代号以及最接近计算结果的配合。

在设计工作中，选择轴承的配合通常采用类比法，有时为了安全起见才用计算法校核。用类比法确定轴和外壳孔的公差带时，可应用滚动轴承标准推荐的资料进行选取。见表 6-4～表 6-7。

表 6-4　安装向心轴承和角接触轴承的壳体孔公差带（摘自 GB/T275-1993）

外圈工作条件				应举例		公差带
旋转状态	负荷类型	轴向位移限度	其他情况			
外圈相对于负荷方向静止	轻、正常和重负荷	轴向容易移动	轴处于高温场合	烘干筒、有调心滚子轴承的大电机		G7
			剖分式壳体	一般机械、铁路机械轴箱		H7*
	轻、正常负荷	轴向能移动	整体式	磨床主轴用球轴承，小型电动机		J6、H6
	冲击负荷		整体式或剖分式壳体	铁路车辆轴箱轴承		J7*
外圈相对于负荷方向摆动	轻、正常负荷			电动机、泵、曲轴主轴承		
	正常、重负荷	轴向不能移动	整体式壳体	电动机、泵、曲轴主轴承		K7*
	重冲击负荷			牵引电动机		M7*
外圈相对于负荷方向旋转	轻负荷			张紧滑轮		N7*
	正常、重负荷		薄壁、整体式壳体	装有球轴承的轮毂		P7*
	重冲击负荷			装有滚子轴承的轮毂		

注：①对精度有较高要求的场合，应选用 IT6 代替 IT7，并应同时选用整体式壳体；

　　②对于轻合金外壳应选择比钢或铸铁外壳较紧的配合。

为了保证轴承的工作质量及使用寿命，除选定轴和外壳孔的公差带之外，还应规定相应的形位公差及表面粗糙度值，国家标准推荐的形位公差及表面粗糙度值列于表 6-8 和表 6-9 中，供设计时选取。轴颈和外壳孔的各项公差在图样上的标注示例见图 6-5。

表 6-5　安装向心轴承和角接触轴承的轴颈公差带（摘自 GB/T275-1993）

内圈工作条件		应用举例	向心球轴承和角接触球轴承	圆柱滚子轴承和圆锥滚子轴承	调心滚子轴承	公差带
旋转状态	负荷		轴承公称内径/mm			
圆 柱 孔 轴 承						
内 圈 相 对 于 负 荷 方 向 旋 转 或 摆 动	轻 负 荷	电器仪表、机床主轴、精密机械、泵、通风机传送带	≤18	—	—	h5
			>18～100	≤40	≤40	j6①
			>100～200	>40～140	>40～100	k6①
			—	>140～200	>100～200	m6①
	正 常 负 荷	一般通用机械、电动机、涡轮机、泵、内燃机、变速箱、木工机械	≤18	—	—	j5
			>18～100	≤40	≤40	k5②
			>100～140	>40～100	>40～65	m5②
			>140～200	>100～140	>65～100	m6
			>200～280	>140～200	>100～140	n6
			—	>200～400	>140～280	p6
			—	—	>280～500	r6
			—	—	>500	r7
	重 负 荷	铁路车辆和电车的轴箱、牵引电动机、轧机、破碎机等重型机械	—	>50～140	>50～100	n6③
			—	>140～200	>100～140	p6③
			—	>200	>140～200	r6③
			—	—	>200	r7③
内 圈 相 对 于 负 荷 方 向 静 止	各 类 负 荷	静止轴上的各种轮子内圈必须在轴向容易移动	所有尺寸			g6①
		张紧滑轮、绳索轮内圈不必要在轴向移动	所有尺寸			h6①
纯轴向负荷		所有应用场合	所有尺寸			j6 或 js6
圆 锥 孔 轴 承（带 锥 形 套）						
所有负荷		火车和电车的轴箱	装在退卸套上的所有尺寸			h8（IT6）④
		一般机械和传动轴	装在紧定套上的所有尺寸			h9（IT7）⑤

注：① 对精度较高要求场合，应选用 j5、k5、…代替 j6、k6、…；
　　② 单列圆锥滚子轴承和单列角接触球轴承，因内部游隙的影响不重要，可用 k6 和 m6 代替 k5 和 m5；
　　③ 应选用轴承径向游隙大于基本组的滚子轴承；
　　④ 凡有较高精度或转速要求的场合，应选用 h7 及轴径形状公差 IT5 代替 h8（IT6）；
　　⑤ 尺寸≥500mm，轴径形状公差为 IT7。

表 6-6　安装推力轴承的外壳孔公差带（摘自 GB/T275-1993）

座圈工作条件		轴承类型	外壳孔公差带
纯轴向负荷		推力球轴承	H8
		推力圆柱滚子轴承	H7
		推力调心滚子轴承	外壳孔与座圈间的配合间隙 0.0001D（D 为轴承公称外径）
径向和轴向联合负荷	座圈相对于负荷方向静止或摆动	推力调心滚子轴承	H7
	座圈相对于负荷方向旋转		M7

表 6-7　安装推力轴承的轴径公差带（摘自 GB/T275-1993）

轴圈工作条件		推力球和圆柱滚子轴承	推力调心滚子轴承	轴径公差带
		轴承公称内径/mm		
纯轴向负荷		所有尺寸	所有尺寸	j6 或 js6
径向和轴向联合负荷	轴圈相对于负荷方向静止	—	≤250	j6
		—	>250	js6
	轴圈相对于负荷方向旋转或摆动	—	≤200	k6
		—	>200～400	m6
		—	>400	n6

表 6-8　轴径和外壳孔的形位公差（摘自 GB/T275-1993）

轴承公称内、外径/mm	圆柱度				端面圆跳动			
	轴径		外壳孔		轴肩		外壳孔肩	
	轴承精度等级							
	0	6	0	6	0	6	0	6
	公差值/um							
>18～30	4	2.5	6	4	10	6	15	10
>30～50	4	2.5	7	4	12	8	20	12
>50～80	5	3	8	5	15	10	25	15
>80～120	6	4	10	6	15	10	25	15
>120～180	8	5	12	8	20	12	30	20
>180～250	10	7	14	10	20	12	30	20

表 6-9　轴径和外壳孔的表面粗糙度（摘自 GB/T275-1993）

配合表面	轴承精度等级	配合面的尺寸公差等级	轴承公称内、外径/mm	
			≤80	>80～500
			表面粗糙度参数 Ra 值/um	
轴径	0	IT6	≤1	≤1.6
外壳孔		IT7	≤1.6	≤2.5

续表

配合表面	轴承精度等级	配合面的尺寸公差等级	轴承公称内、外径/mm	
			≤80	>80～500
			表面粗糙度参数 *Ra* 值/um	
轴径	6	IT5	≤0.63	≤1
外壳孔		IT6	≤1	≤1.6
轴和外壳孔肩端面	0	—	≤2	≤2.5
	6		≤1.25	≤2

注：轴承装在紧定套或退卸套上时，轴颈表面的粗糙度参数 *Ra* 值不大于 2.5μm。

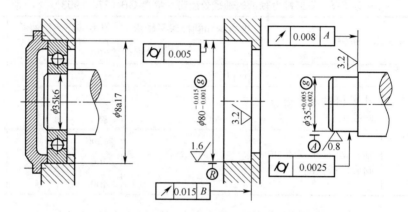

图 6-5　轴颈和外壳孔公差在图样上的标注

6.2　键和花键结合的互换性

键和花键主要用于轴和带毂零件（如齿轮、蜗轮等），实现周向固定以传递转矩的轴毂联接。其中，有些还能实现轴向固定以传递轴向力，也可用作导向联接。

6.2.1　键联接件的互换性

1．概述

键是标准零件，分为两大类：平键和半圆键，构成松联接；斜键，构成紧联接。键的侧面是工作面。工作时，靠键与键槽的互压传递转矩。按用途，平键分为普通平键、导向平键和滑键三种，导向平健简称导键。

普通平键用于静联接，接结构分为圆头的、方头的和一端圆头一端方头的；导键和滑键联接都是动联接。导键按结构分为圆头的和方头的，一般用螺钉紧固在轴上；半圆键用于静联接主要用于载荷较轻的联接，也常用作锥形轴联接的辅助装置。平键和半圆键联接制造简易，装拆方便，在一般情况下不影响被联接件的定心，因而应用相当广泛。

斜键联接只能用于静联接。根据联接的构造和工作原理不同，斜键有很多种，最常用的有楔键和切向健两种。

键联接的尺寸系列及其选择，强度计算等可参考有关设计手册。键的结构见表 6-10。

表 6-10　键的型式及结构

类型		图形	类型		图形
平键	普通平键	*A* 型 *B* 型 *C* 型	半圆键		
	导向平键	*A* 型 *B* 型	楔键	普通楔键	斜度1:100
				钩头楔键	斜度1:100
	滑键			切向键	斜度1:100

2. 键联接的公差与配合

键联接的配合尺寸是键和键槽宽，其配合性质也是以键与键槽宽的配合性质来体现的，其他为非配合尺寸。

键联接由于键侧面同时与轴和轮毂键槽侧面联接，且键是标准件，可用标准的精拔钢制造，因此是采用基轴制配合，其公差带见图 6-6。

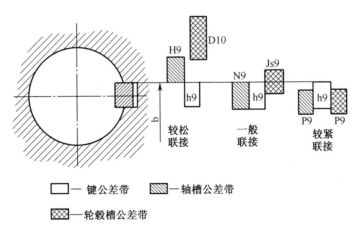

图 6-6　键宽与键槽宽的公差带

为了保证键与键槽侧面接触良好而又便于拆装，键与键槽宽采用过渡配合或小间隙配合。其中，键与轴槽宽的配合应较紧，而键与轮毂槽宽的配合可较松。对于导向平键，要求键与轮毂槽之间作轴向相对移动，要有较好的导向性，因此宜采用具有适当间隙的间隙配合。

　　国家标准对键和键宽规定了三种基本的联接，配合性质及其应用见表 6-11。键宽 *b* 和键高 *h*（公差带按 h11）的公差值按其基本尺寸从 GB/T1800.3-1998 中查取；键槽宽 *B* 及其他非配合尺寸公差规定见表 6-12。

表 6-11　平键联接的三种配合性质及其应用

配合种类	尺寸 *b* 的公差			应用范围
	键	轴槽	毂槽	
较松联接		H9	D10	主要用于导向平键
一般联接	h9	N9	Js9	单件和成批生产且载荷不大
较紧联接		P9	P9	传递重载、冲击载荷或双向扭矩

表 6-12　平键、键及键槽剖面尺寸及键槽公差（摘自 GB/T1095-1979）

轴	键	键　槽											
			宽度 *b*					深度				半径 *r*	
				偏差				轴 *t*		毂 t_1			
公称直径 *d*	公称尺寸 *b*×*h*	公称尺寸 *b*	较松联接		一般联接		较紧联接	公称尺寸	极限偏差	公称尺寸	极限偏差	最大	最小
			轴 H9	毂 D10	轴 N9	毂 Js9	轴和毂 P9						
>22~30	8×7	8	+0.036	+0.098	0	±0.018	-0.015	4.0		3.3		0.16	0.25
>30~38	10×8	10	0	+0.040	+0.036		-0.051	5.0		3.3			
>38~44	12×8	12						5.0		3.3		0.25	0.40
>44~50	14×9	14	+0.043	+0.012	0	±0.0215	-0.018	5.5		3.8			
>50~58	16×10	16	0	+0.050	-0.043		-0.061	6.0		4.3			
>58~65	18×11	18						7.0	+0.20	4.4	+0.20		
>65~75	20×12	20						7.5		4.9			
>75~85	22×14	22	+0.052	+0.149	0	±0.026	-0.022	9.0		5.4		0.40	0.60
>85~95	25×14	25	0	+0.065	-0.052		-0.074	9.0		5.4			
>95-110	28×16	28						10.0		6.4			

　　注：①（*d−t*）和（*d+t₁*）两个组合尺寸的偏差按相应的 *t* 和 t_1 的偏差选取，但（*d−t*）偏差值应取负号；
　　　　②导向平键的轴槽与轮毂槽用较松键联接的公差。

　　为了限制形位误差的影响，不使键与键槽装配困难和工作面受力不均等，在国家标准中，对键和键槽的形位公差作了如下规定：

　　（1）轴槽和轮毂槽对轴线的对称度公差。根据键槽宽 *b*，一般按 GB/T1184－1996《形状和位置公差》中对称度 7～9 级选取。

　　（2）当键长 *L* 与键宽 *b* 之比大于或等于 8 时，*b* 的两侧面在长度方向的平行度公差也按 GB/T1184－1996《形状和位置公差》选取，当 *b*≤6mm 时取 7 级；8mm≤*b*≤36mm 时取 6 级；当 *b*≥40mm 时取 5 级。

　　其表面粗糙度值要求为：键槽侧面取 *Ra* 为 1.6～6.3μm；其他非配合面取 *Ra* 为 6.3～12.5μm。

图样标注如图 6-7 所示。

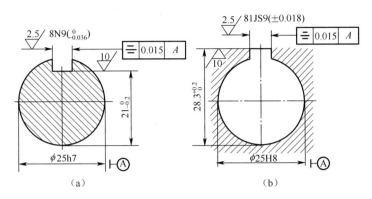

图 6-7　标注示例

6.2.2　花键联接件的互换性

1. 概述

与键联接相比，花键联接具有下列优点：①定心精度高；②导向性好；③承载能力强，因而在机械中获得广泛应用。

花键联接分为固定联接与滑动联接两种。

花键联接的使用要求为：保证联接强度及传递扭矩可靠；定心精度高；滑动联接还要求导向精度及移动灵活性，固定联接要求可装配性。按齿形的不同，花键分为短形花键、渐开线花键和三角花键（图 6-8），其中矩形花键应用最广泛。

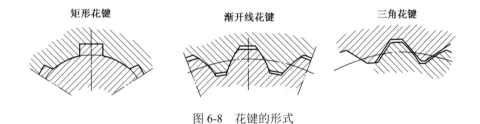

图 6-8　花键的形式

2. 矩形花键

（1）花键定心方式。花键有大径 D、小径 d 和键（槽）宽 B 三个主要尺寸参数，若要求这三个尺寸同时起配合定心作用，以保证内、外花键同轴度是很困难的，而且也没有必要。因此，为了改善其加工工艺性，只需将其中一个参数加工得较准确，使其起到配合定心作用。由于扭矩的传递是通过键和键槽两侧面来实现的，因此，键和槽宽不论是否作为定心尺寸，都要求有较高的尺寸精度。

根据定心要素的不同，可分为三种定心方式：①按大径 D 定心；②按小径 d 定心；③按键宽 B 定心，如图 6-9 所示。

矩形花键国家标准（GB/T1144—2001）规定，矩形花键用小径定心，因为小径定心有一系列优点。当用大径定心时，内花键定心表面的精度依靠拉刀保证。而当内花键定心表面硬度要求高（HRC40 以上）时，热处理后的变形难以用拉刀修正；当内花键定心表面粗糙度要求高（$Ra<0.63\mu m$）时，用拉削工艺也难以保证；在单件、小批生产及大规格花键中，内

花键也难以用拉削工艺，因为该加工方式不经济。采用小径定心时，热处理后的变形可用内圆磨修复，而且内圆磨可达到更高的尺寸精度和更高的表面粗糙度要求。因而小径定心的定心精度更高，定心稳定性较好，使用寿命长，有利于产品质量的提高；外花键小径精度可用成形磨削保证。

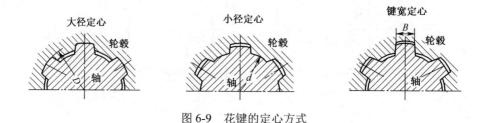

图 6-9　花键的定心方式

（2）矩形花键的公差与配合。GB/T1144－2001 规定的小径 d、大径 D 及键（槽）宽 B 的尺寸公差带见图 6-10 所示及表 6-13。

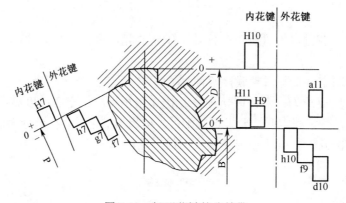

图 6-10　矩形花键的公差带

表 6-13　内、外花键尺寸公差带（摘自 GB/T1144－2001）

内花键				外花键			装配型式
d	D	B		d	D	B	
		不热处理	要热处理				
一般用							
H7	H10	H9	H11	f7	a11	d11	滑动
				g7		f9	紧滑动
				h7		h10	固定
精密传动用							
H5	H10	H7、H9		f5	a11	d8	滑动
				g5		f7	紧滑动
				h5		h8	固定
H6				f6		d8	滑动
				g6		f7	紧滑动
				h6		h8	固定

对花键孔规定了拉削后热处理和不热处理两种。标准中规定，按装配形式分滑动、紧滑动和固定三种配合。其区别在于，前两种在工作过程中既可传递扭矩，且花键套还可在轴上移动；后者只用来传递扭矩，花键套在轴上无轴向移动。

花键联接采用基孔制，目的是减少拉刀的数目。

对于精密传动用的内花键，当需要控制键侧配合间隙时，槽宽公差带可选用 H7，一般情况下选用 H9。

当内花键小径公差带为 H6 和 H7 时，允许与高一级的外花键配合。

为保证装配性能要求，小径极限尺寸应遵守包容原则。

各尺寸（D、d 和 B）的极限偏差可按其公差带代号及基本尺寸由"极限与配合"相应的国家标准查出。

内、外花键的形位公差要求主要是位置度公差（包括键、槽的等分度、对称度等）要求，如表 6-14 所示。

表 6-14 花键的位置度公差（t_1）(摘自 GB/T1144-2001)

键槽宽或键宽 B/mm		3	3.5～6	7～10	12～18
		t_1/μm			
键槽宽		10	15	20	25
键宽	滑动、固定	10	15	20	25
	紧滑动	6	10	13	15

对较长的花键，可根据产品性能自行规定键侧对轴线的平行度公差。

花键联接在图纸上的标注，按顺序包括以下项目：键数 N，小径 d，大径 D，键宽 B，花键公差带代号。示例如下：

花键规格：$N \times d \times D \times B$ $6 \times 23 \times 26 \times 6$

花键副：$6 \times 23 \dfrac{H7}{f7} \times 26 \dfrac{H10}{a11} \times 6 \dfrac{H11}{d10}$ GB1144－2001

内花键：$6 \times 23H7 \times 26H10 \times 6H11$ GB1144－2001

外花键：$6 \times 23f7 \times 26a11 \times 6d10$ GB1144－2001

以小径定心时，花键各表面的粗糙度如表 6-15 所示。

表 6-15 花键表面粗糙度推荐值

加工表面	内花键	外花键
	$Ra \leqslant$/μm	
小 径	1.6	0.8
大 径	6.3	3.2
键 侧	6.3	1.6

键和花键的检测与一般长度尺寸的检测类似，这里不再赘述。关于花键综合量规，请参阅其他相关书籍。

6.3　普通螺纹结合的互换性

螺纹件在机电产品和仪器中应用甚广。按其用途可分为联接螺纹和传动螺纹。虽然两类螺纹的使用要求及牙型不同，但各参数对互换性的影响是一致的。

本节主要介绍使用最广泛的普通螺纹的公差、配合及其应用。

6.3.1　普通螺纹件的使用要求和基本牙型

1. 使用要求

普通螺纹有粗牙和细牙两种，用于固定或夹紧零件，构成可拆联接，如螺栓、螺母。其主要使用要求是可旋合性和联接可靠性。所谓旋合性，即内外螺纹易于旋入拧出，以便装配和拆换；所谓联接可靠性，是指具有一定的联接强度，螺牙不得过早损坏和自动松脱。

2. 基本牙型及主要几何参数

基本牙型是指在螺纹的轴剖面内，截去原始三角形的顶部和底部所形成的螺纹牙型，如图 6-11 所示（小写字母为外螺纹的几何参数，大写字母为内螺纹的几何参数）。

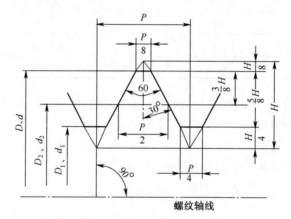

图 6-11　螺纹的基本尺寸和基本牙型

从图中可以看出螺纹的主要几何参数有：

（1）大径（d 或 D）。与外螺纹牙顶或内螺纹牙底相重合的假想圆柱体的直径，称为大径。国家标准规定，普通螺纹大径的基本尺寸为螺纹的公称尺寸。

（2）小径（d_1 或 D_1）。与外螺纹牙底或内螺纹牙顶相重合的假想圆柱体的直径，称为小径。

（3）中径（d_2 或 D_2）。中径是一个假想圆柱的直径，该圆柱的母线通过牙型上沟槽和凸起宽度相等且等于 P/2 的地方。

（4）单一中径。一个假想圆柱的直径，该圆柱的母线通过牙型上沟槽宽度等于螺距基本尺寸一半的地方。当螺距无误差时，螺纹的中径就是螺纹的单一中径；当螺距有误差时，单一中径与中径是不相等的，如图 6-12 所示。

（5）牙型角 α 和牙型半角（$\alpha/2$）。在螺纹牙型上，两相邻牙侧间的夹角称为牙型角，对于公制普通螺纹，牙型角 $\alpha = 60°$；牙侧与螺纹轴线的垂线间的夹角为牙型半角，牙型半角 $\alpha/2 = 30°$。

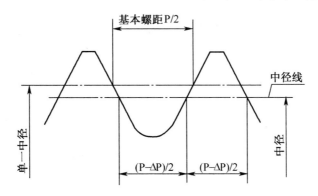

图 6-12　螺纹的中径和单一中径

（6）螺距（P）与导程（Pn）。螺距是指相邻两牙在中径线上对应两点间的轴向距离；导程是指在同一条螺旋线上相邻两牙在中径线上对应两点间的轴向距离。对单线螺纹，导程等于螺距；对多头（线）螺纹，导程等于螺距与线数（n）的乘积：$Pn=nP$。

（7）螺纹旋合长度（L）。它是指两相配合螺纹，沿螺纹轴线方向相互旋合部分的长度。

6.3.2　螺纹几何参数对互换性的影响

影响螺纹结合互换性的主要几何参数误差有螺距误差、牙型半角误差和中径误差。

1. 螺距误差的影响

对于普通螺纹，螺距误差会影响螺纹的旋合性与联接强度。

为便于分析，假设内螺纹具有理想的牙型，外螺纹仅螺距有误差，且螺距大于内螺纹的螺距，在几个螺牙长度上，螺距累积误差为 $\triangle P_\Sigma$，这时在牙侧处将产生干涉（如图 6-13 中阴影线部分）。为避免产生干涉，可把外螺纹的实际中径减小 f_p 值或把内螺纹的实际中径增加 f_p 值，f_p 值叫做螺距误差的中径当量。

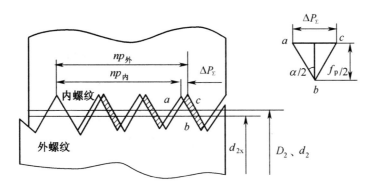

图 6-13　螺距误差的影响

由图 6-13 中 $\triangle abc$ 可知：　　　$f_p = 1.732 \mid \triangle P_\Sigma \mid$

2. 牙型半角误差的影响

牙型半角误差同样会影响螺纹的旋合性与联接强度。

为便于分析，假设内螺纹具有理想的牙型，外螺纹仅牙型半角有误差。如图 6-14 所示，当外螺纹的牙型半角小于（图 6-14（a））或大于（图 6-14（b））内螺纹的牙型半角时，在牙侧处将产生干涉（图中阴影线部分）。为避免产生干涉，可把外螺纹的实际中径减小 $f_{\alpha/2}$ 或把内螺纹的实际中径增加 $f_{\alpha/2}$。 $f_{\alpha/2}$ 叫做半角误差的中径当量。

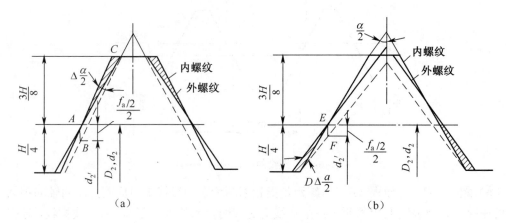

图 6-14　牙型半角误差的影响

根据任意三角形的正弦定理，考虑到左、右牙型半角误差可能同时出现的各种情况及必要的单位换算，得出

$$f_{\alpha/2}=0.073P\left(K_1\left|\Delta\frac{\alpha_1}{2}\right|+K_2\left|\Delta\frac{\alpha_2}{2}\right|\right)$$

式中　P——螺距，mm；

　　　$\Delta\dfrac{\alpha_1}{2}$、$\Delta\dfrac{\alpha_2}{2}$——左右牙型半角误差，单位为分；

　　　$K1$、$K2$——左右牙型半角误差系数。对外螺纹，当牙型半角误差为正时，$K1$ 和 $K2$ 取为 2；为负时取为 3。内螺纹左、右牙型半角误差系数的取值正好与此相反。

3. 中径误差的影响

中径误差同样影响螺纹的旋合性与联接强度，若外螺纹的中径小于内螺纹的中径，就能保证内、外螺纹的旋合性；反之，就会产生干涉而难以旋合。但是。如果外螺纹的中径过小，则会削弱其联接强度。为此，加工螺纹时应当对中径误差加以控制。

4. 螺纹中径合格性的判断原则

实际螺纹往往同时存在中径、螺距和牙型半角误差，而三者对旋合性均有影响。螺距和牙型半角误差对旋合性的影响如前所述，对于外螺纹来说，其效果相当于中径增大了；对于内螺纹来说，其效果相当于中径减小了。这个增大或减小的假想螺纹中径叫做螺纹的作用中径，其值为：

$$d_{2作用}=d_{2单一}+(f_{\alpha/2}+f_p)$$
$$D_{2作用}=D_{2单一}-(f_{\alpha/2}+f_p)$$

国家标准规定螺纹中径合格性的判断仍然遵守泰勒原则，即实际螺纹的作用中径不能超出最大实体牙型的中径，而实际螺纹上任何部位的单一中径不能超出最小实体牙型的中径。

根据中径合格性判断原则，合格的螺纹应满足下列不等式：

对于外螺纹：$d_{2作用}\leqslant d_{2max}$　　　　$d_{2单一}\geqslant d_{2min}$

对于内螺纹：$D_{2作用}\geqslant D_{2min}$　　　　$D_{2单一}\leqslant D_{2max}$

6.3.3 普通螺纹的公差与配合

从互换性的角度来看，螺纹的基本几何要素有大径、小径、中径、螺距和牙型半角。但普通螺纹配合时，在大径之间和小径之间实际上都是有间隙的。而螺距和牙型半角也不规定公差，所以螺纹的互换性和配合性质主要取决于中径。

（1）公差等级。螺纹公差带的大小由标准公差确定。内螺纹中径 D_2 和顶径 D_1 的公差等级分为 4、5、6、7、8 级；外螺纹中径 d_2 分为 3、4、5、6、7、8、9 级，顶径 d 分为 4、6、8 级。

各直径和各公差等级的标准公差系列规定如表 6-16 及表 6-17 所示。

表 6.16 普通螺纹中径公差（摘自 GB/T197-1981）

公称直径 D/mm		螺距	内螺纹中径公差 T_{D2}					外螺纹中径公差 T_{d2}						
			公差等级					公差等级						
>	≤	P/mm	4	5	6	7	8	3	4	5	6	7	8	9
5.6	11.2	0.5	71	90	112	140		42	53	67	85	106	—	—
		0.75	85	106	132	170		50	63	80	100	125	—	—
		1	95	118	150	190	236	56	71	90	112	140	180	224
		1.25	100	125	160	200	250	60	75	95	118	150	190	236
		1.5	112	140	180	224	280	67	85	106	132	170	212	295
11.2	22.4	0.5	75	95	118	150		45	56	71	90	112	—	—
		0.75	90	112	140	180		53	67	85	106	132	—	—
		1	100	125	160	200	250	60	75	95	118	150	190	236
		1.25	112	140	180	224	280	67	85	106	132	170	212	265
		1.5	118	150	190	236	300	71	90	112	140	180	224	280
		1.75	125	160	200	250	315	75	95	118	150	190	236	300
		2	132	170	212	265	335	80	100	125	160	200	250	315
		2.5	140	180	224	280	355	85	106	132	170	212	265	335
22.4	45	0.75	95	118	150	190	—	56	71	90	112	140	—	—
		1	106	132	170	212	—	63	80	100	125	160	200	250
		1.5	125	160	200	250	315	75	95	118	150	190	236	300
		2	140	180	224	280	355	85	106	132	170	212	265	335
		3	170	212	265	335	425	100	125	160	200	250	315	400
		3.5	180	224	280	355	450	106	132	170	212	265	335	425
		4	190	236	300	375	415	112	140	180	224	280	355	450
		4.5	200	250	315	400	500	118	150	190	236	300	375	475

螺纹底径没有规定公差，仅规定内螺纹底径的最小极限尺寸 D_{min} 应大于外螺纹大径的最大极限尺寸；外螺纹底径的最大极限尺寸 d_{1max} 应小于内螺纹小径的最小极限尺寸。

（2）基本偏差。螺纹公差带相对于基本牙型的位置由基本偏差确定。国家标准中，对内螺纹规定了两种基本偏差，代号为 G、H；对外螺纹规定了四种基本偏差，代号为 e、f、g、h，其偏差值见表 6-17。

表 6-17   普通螺纹的基本偏差和顶径公差（摘自 GB/T197-1981）

螺距 P /mm	内螺纹的基本偏差 EI		外螺纹的基本偏差 es				内螺纹小径公差 T_{D_1}					外螺纹大径公差 d		
	G	H	e	f	g	h	4	5	6	7	8	4	6	8
1	+26		-60	-40	-26		150	190	236	300	375	112	180	280
1.25	+28		-63	-42	-28		170	212	265	335	425	132	212	335
1.5	+32		-67	-45	-32		190	236	300	375	475	150	236	375
1.75	+34		-71	-48	-34		212	265	335	425	530	170	265	425
2	+38	0	-71	-52	-38	0	236	300	375	475	600	180	280	450
2.5	+42		-80	-58	-42		280	355	450	560	710	212	335	530
3	+48		85	-63	-48		315	400	500	630	800	236	375	600
3.5	+53		90	-70	-53		355	450	560	710	900	265	425	670
4	+60		95	-75	-60		375	475	600	750	950	300	475	750

（3）旋合长度。国家标准规定：螺纹的旋合长度分为三组，分别为短旋合长度、中旋合长度和长旋合长度，并分别用代号 S、N、L 表示。

螺纹公差带和旋合长度构成螺纹的精度等级。GB/T197-1981 将普通螺纹精度分为精密级、中等级和粗糙级三个等级，如表 6-18 所示。

表 6-18   普通螺纹的选用公差带（摘自 GB/T197-1981）

旋合长度		内螺纹选用公差带			外螺纹选用公差带		
		S	N	L	S	N	L
配合精度	精密	4H	4H、5H	5H、6H	（3h4h）	4h*	（5h4h）
	中等	5H* (5G)	<u>6H</u> (6G)	7H* (7G)	（5h6h） （5g6g）	6h* <u>6g</u> 6f* 6e*	（7h6h） （7g6g）
	粗糙	—	7H (7G)	—	—	（8h） 8g	—

注：大量生产的精制紧固螺纹推荐采用带下划线的公差带；带*号的公差带优先选用，加（）的公差带尽量不用。

6.3.4 普通螺纹公差与配合选用

由基本偏差和公差等级可以组成多种公差带。在实际生产中为了减少刀具及量具的规格和数量，便于组织生产，对公差带的种类进行了限制，国标推荐按表 6-18 选用。

1. 螺纹精度等级与旋合长度的选用

精度等级的选用，对于间隙较小、要求配合性质稳定、需保证一定的定心精度的精密螺纹，采用精密级；对于一般用途的螺纹，采用中等级；不重要的以及制造较困难的螺纹采用粗糙级。

通常采用中等旋合长度，仅当结构和强度上有特殊要求时方可采用短旋合长度和长旋合长度。

2. 配合的选用

螺纹配合的选用主要根据使用要求，一般规定如下：

（1）为了保证螺母、螺栓旋合后的同轴度及强度，一般选用间隙为零的配合（H/h）；

（2）为了装拆方便及改善螺纹的疲劳强度，可选用小间隙配合（H/g 和 G/h）；

（3）需要涂镀保护层的螺纹，其间隙大小决定于镀层的厚度。镀层厚度为 5μm 左右，一般选 6H/6g，镀层厚度为 10μm 左右，则选 6H/6e；若内外螺纹均涂镀，则选 6G/6e；

（4）在高温下工作的螺纹，可根据装配和工作时的温度差别来选定适宜的间隙配合。

6.3.5 螺纹标记

螺纹的完整标记，由螺纹代号、公称直径、螺距、螺纹公差带代号和螺纹旋合长度代号（或数值）螺纹旋向组成。公差带代号由公差等级级别和基本偏差代号组成，在零件图上的标记如下：

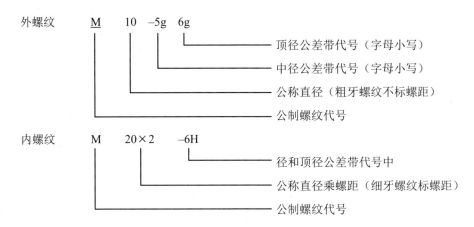

6.4 螺纹的检测

螺纹的检测方法有两类，即综合检测和单项检测。

1. 综合检测

综合检测是指同时测量螺纹的几个参数，它用螺纹的极限轮廓（即螺纹公差带）来控制螺纹各参数综合误差形成的实际轮廓。由于它是以多个参数的综合误差作为判断该螺纹是否合格的依据，所以，这种检验不能反映出螺纹单项参数的具体数值，但其检验效率高，适于检验大批量生产且精度不太高的螺纹。

生产中广泛应用螺纹环规和螺纹塞规对外螺纹和内螺纹进行综合检测。螺纹环规和螺纹塞规按照泰勒原则设计。检测时，通规用以控制被测螺纹的作用中径不得超出最大实体牙型的极限尺寸，并同时控制外螺纹小径的最大极限尺寸或内螺纹大径的最小极限尺寸。因通规是检验最大实体状态的边界，故要求它具有完整的牙型，且其螺纹长度等于被检螺纹的旋合长度。止规只控制被测螺纹的单一中径（实际中径）不得超出最小实体牙型的极限尺寸，如图 6-15 所示。为了尽量减小螺距误差和牙型半角误差的影响，必须使其中径部位与被检测的外螺纹接触。因此把止规的牙高截短或只保留中径附近一段不完整的牙型，螺纹长度只有 2～3.5 扣，且检测时允许有小部分牙能旋合。

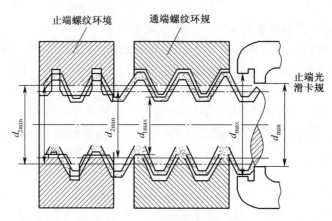

图 6-15　用止规检测外螺纹

　　用螺纹量规检测时，若通规能与工件顺利旋合，止规不能旋合或不完全旋合，则评定工件合格。

　　内螺纹的大径尺寸和小径尺寸是在加工螺纹之前的工序中完成的，它们分别另用光滑极限量规（塞规）来检验内螺纹顶径的合格性。再用螺纹量规的通端检验内螺纹的作用中径和底径，如图 6-16 所示。若作用中径合格，且内螺纹的大径不小于其最小极限尺寸，通规应在旋合长度内与内螺纹旋合。

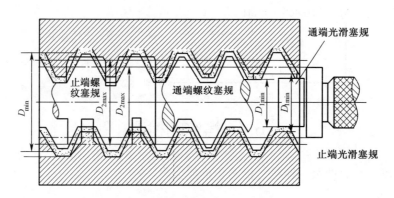

图 6-16　用塞规检测内螺纹

　　2．单项检测

　　单项检测是每次只测量螺纹的一项几何参数，并以所得的实际值用来判别螺纹的合格性。

　　（1）用螺纹千分尺测量。

　　螺纹千分尺的构造与一般外径千分尺相似，差别仅在于两个测量头的形状。螺纹千分尺的测量头做成和牙型吻合的形状，即一个为 V 形测量头，与牙型凸起部分相吻合；另一个为圆锥形测量头，与牙型沟槽相吻合。螺纹千分尺备有一套可换的测量头，每对测量头只能用+来测量一定螺距范围内的螺纹，它的规格有 0～25mm、25～50mm 直至 325～350mm 等。

用螺纹千分尺测量螺纹中径时，先要根据被测螺纹的直径、牙型角和螺距选择螺纹千分尺和测量头，将选好的螺纹千分尺零位调整好。如 0～25mm 规格的螺纹千分尺零位调整，可通过砧座调整螺钉和微分筒的移动，使两测量头工作面完全接触，并在同一轴线上。微分筒的零线与刻度套的零位对准，这时便可以测量了，如图 6-17 所示。转动微分筒，使两个测量头与螺纹接触，达到两测量头与螺纹紧密结合，量出径向最大值。测量螺纹时，要在螺纹的两端和中间并转 90^0 的两个截面上进行。

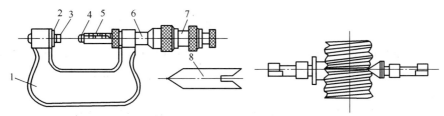

1—工架；2—架砧；3—V 形测量头；4—圆锥测量头；5—主量杆；
6—刻度套；7—微分筒；8—校对样板

图 6-17　螺纹千分尺

用螺纹千分尺测量的数值是螺纹中径的实际尺寸。当被测量的外螺纹存在螺距误差和牙型半角误差时，测量头与被测量的外螺纹不能很好地吻合，所以测量精度较低，只能适用于工序间测量或低精度的螺纹工件的测量。

（2）用三针法测量。

三针法是一种较为常见的间接测量外螺纹中径的方法，如图 6-18 所示。

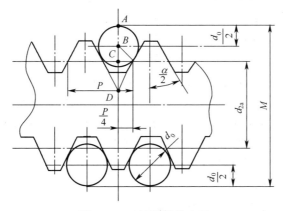

图 6-18　三针法测量中径

将三根直径相同的圆柱形量针放在被测螺纹的牙槽内，用接触式测量仪和测微量具测出三根量针外素线之间的跨距 M，根据已知的螺距 P、牙型半角+/2 及量针直径 d_0 的数值算出螺纹中径 d_{2a}，即

$$d_{2a} = M - 2AC = M - 2(AD - CD) = M - 2AD - 2CD$$

$$AD = AB + BD = \frac{d_0}{2} + \frac{d_0}{2\sin\frac{\alpha}{2}} = \frac{d_0}{2}\left(1 + \frac{1}{\sin\frac{\alpha}{2}}\right)$$

$$CD = \frac{P}{4}\cot\frac{\alpha}{2}$$

$$d_{2a} = M - d_0\left(1 + \frac{1}{\sin\frac{\alpha}{2}}\right) + \frac{P}{2}\cot\frac{\alpha}{2}$$

为减小螺纹牙型半角误差对测量结果的影响，应根据螺纹螺距选择适当直径的量针，使量针与牙侧的接触点恰好落在中径线上，满足此条件的钢针直径称为最佳钢针直径，其计算公式为

$$d_{0最佳} = \frac{P}{2\cos\frac{\alpha}{2}}$$

三针法的测量精度和测量效率高，测量结果稳定，所以应用极广。但对于直径大于100mm、螺距较大的螺纹不宜采用此法，通常用单针法或双针法来测量，其原理与三针法类似。

（3）影像法。

影像法测量螺纹是指用工具显微镜将被测螺纹的牙型轮廓放大成像，按被测螺纹的影像测量其螺距、牙型半角和中径的方法。

实践与思考

1．滚动轴承的精度等级有哪几种？代号是什么？用得较多的是哪些？

2．滚动轴承的内、外径公差带有何特点？

3．滚动轴承与轴颈和外壳孔的配合与圆柱体的同名配合有何不同？其标注有何特殊规定？

4．选择滚动轴承与轴颈和外壳孔的配合时应考虑哪些因素？

5．平键联接的配合种类有哪些？它们各用于什么情况？

6．平键联接为什么只对键槽宽度规定了较严格的公差？

7．花键的主要尺寸是哪些？矩形花键的键数规定为哪三种？

8．为什么国标中对矩形花键的定心只规定小径定心？

9．某机床变速箱中，有一与矩形花键轴联接的滑动齿轮，经常需要沿花键轴作轴向的移动，花键定心表面硬度在40HAC以上，矩形花键的基本尺寸为6×23×28×6。

求：（1）确定该矩形花键联接的配合类型及花键孔、轴三个主要参数的公差带代号；

（2）确定内、外花键各尺寸的极限偏差；

（3）确定内外花键的形位公差。

10．螺纹中径、单一中径和作用中径三者有何区别和联系？

11．什么是普通螺纹的互换性要求？从几何精度上如何保证普通螺纹的互换性要求？

12．螺纹的实际中径在中径极限尺寸内时中径是否就合格？为什么？

13．试说明下列代号的含义：

（1）M24-6H

（2）M36 X 2-5g6g-L

（3）M30X2LH-6H/5h6h

第7章　渐开线圆柱齿轮传动的互换性

7.1　概述

在机械产品中，齿轮是使用最多的传动元件，尤其是渐开线圆柱齿轮应用最为广泛。目前，随着科技水平的迅猛发展，对机械产品的自身质量、传递的功率和工作精度都提出了更高的要求，从而对齿轮传递的精度也提出了更高的要求。因此研究齿轮偏差、精度标准及检测方法对提高齿轮加工质量具有重要的意义。目前我国推荐使用的渐开线圆柱齿轮标准为《渐开线圆柱齿轮　精度》GB/T10095-2001 和《圆柱齿轮　检验实施规范》GB/Z18620-2002。

7.1.1　齿轮传动的使用要求

各类齿轮都是用来传递运动或动力的，其使用要求因用途不同而异，但归纳起来主要为以下四个方面。

1. 传递运动的准确性

传递运动的准确性是指齿轮在一转范围内，最大转角误差不超过一定的限度。齿轮在一转过程中产生的最大转角误差用 $\triangle\phi_\Sigma$ 来表示，如图 7-1（a）所示的一对齿轮，若主动轮的齿距没有误差，而从动齿轮存在如图 7-1（a）所示的齿距不均匀时，则从动齿轮在一转过程中将形成最大转角误差 $\triangle\phi\Sigma=7°$，从而使速比相应地产生最大变动量，传递运动不准确。

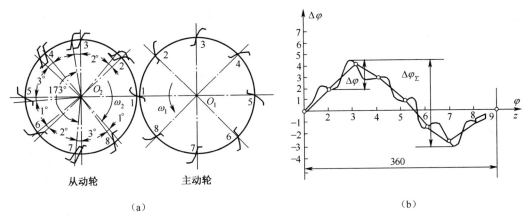

图 7-1　转角误差示意图

2. 传递运动的平稳性

要求齿轮在转一齿的范围内，瞬时传动比变化不超过一定的范围。因为这一变动将会引起冲击、振动和噪声。它可以用转一齿过程中的最大转角误差 $\triangle\phi$ 表示，如图 7-1（b）所示，与运动精度相比，它等于转角误差曲线上多次重复的小波纹的最大幅度值。

3. 载荷分布的均匀性

要求一对齿轮啮合时，工作齿面要保证接触良好，避免应力集中，减少齿面磨损，提高齿面强度和寿命。这项要求可用沿轮齿齿长和齿高方向上保证一定的接触区域来表示，如图

7-2 所示，对齿轮的此项精度要求又称为接触精度。

4. 传动侧隙

要求一对齿轮啮合时，在非工作齿面间存在间隙，如图 7-3 所示的法向测隙 j_{bn} 是为了使齿轮传动灵活，用以贮存润滑油、补偿齿轮的制造与安装误差以及热变形等所需的侧隙，否则齿轮传动过程中会出现卡死或烧伤。在圆周方向测得的间隙为圆周侧隙 j_{wt}。

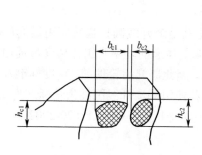

图 7-2　接触区域

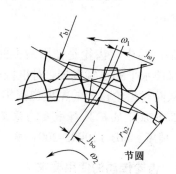

图 7-3　传动侧隙

上述前 3 项要求为对齿轮本身的精度要求，而第 4 项是对齿轮副的要求，而且对不同用途的齿轮，提出的要求也不一样。在机械制造业中，常用的齿轮（如机床、通用减速器、汽车、拖拉机、内燃机车等行业用的齿轮）通常对上述 3 项精度要求的高低程度都是差不多的，对齿轮精度评定各项目可要求同样精度等级，这种情况在工程实践中占大多数。而有的齿轮可能对上述 3 项精度中的某一项有特殊功能要求，因此可对某项提出更高的要求。例如对分度、读数机构中的齿轮，可对控制运动精度的项目提出更高的要求；对航空发动机、汽轮机中的齿轮，因其转速高，传递动力也大，特别要求振动和噪音小，因此应对控制平稳性精度的项目提出高要求，对轧钢机、起重机、矿山机的齿轮，由于其属于低速动力齿轮，因而可对控制接触精度的项目要求高些；而对于齿侧间隙，无论何种齿轮，为了保证齿轮正常运转，都必须规定合理的间隙大小，尤其是仪器仪表齿轮传动，保证合适的间隙尤为重要。

另外，为了降低齿轮的加工、检测成本，如果齿轮总是用一侧齿面工作，则可以对非工作齿面提出较低的精度要求。

7.1.2　齿轮的加工误差

齿轮的各项偏差都是在加工过程中形成的，是由工艺系统中齿轮坯、齿轮机床、刀具三个方面的各个工艺因素决定的。齿轮加工误差有下述四种形式（见图 7-4）。

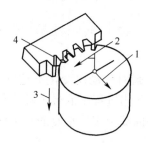

1—径向误差；2—切向误差；3—轴向误差；4—刀具产形面的误差

图 7-4　齿轮加工误差

1. 径向误差

刀具与被切齿轮之间径向距离的偏差。它是由齿坯在机床上的定位误差、刀具的径向跳动、齿坯轴或刀具轴位置的周期变动引起的。

2. 切向误差

刀具与工件的展成运动遭到破坏或分度不准确而产生的加工误差。机床运动链各构件的误差主要是最终的分度蜗轮副的误差，或机床分度盘和展成运动链中进给丝杠的误差，是产生切向误差的根源。

3. 轴向误差

刀具沿工件轴向移动的误差。它主要是由于机床导轨的不精确、齿坯轴线的歪斜所造成的，对于斜齿轮，机床运动链也有影响。轴向误差破坏齿的纵向接触，对斜齿轮还破坏齿高接触。

4. 刀具产形面的误差

它是由于刀具产形面的近似造形，或由于其制造和刃磨误差而产生的。此外，由于进给量和刀具切削刃数目有限，切削过程断续也产生齿形误差。刀具产形面偏离精确表面的所有形状误差使齿轮产生齿形误差，在切削斜齿轮时还会引起接触线误差。刀具产形面和齿形角误差使工件产生基节偏差和接触线方向误差，从而影响直齿轮的工作平稳性，并破坏直齿轮和斜齿轮的全齿高接触。

7.2　渐开线圆柱齿轮精度的评定指标及检测

图样上设计的齿轮都是理想的齿轮，但由于齿轮加工误差，使得齿轮齿形和几何参数都存在误差。因此必须了解和掌握控制这些误差的评定项目。在齿轮新标准中，齿轮误差、偏差统称为齿轮偏差，将偏差与公差共用一个符号表示，例如 F_α 既表示齿廓总偏差，又表示齿廓总公差。单项要素测量所用的偏差符号用小写字母（如 f）加上相应的下标组成；而表示若干单项要素偏差组成的"累积"或"总"偏差所用的符号，采用大写字母（如 F）加上相应的下标表示。

7.2.1　轮齿同侧齿面偏差

1. 齿距偏差

（1）单个齿距偏差（f_{pt}）。在端平面上接近齿高中部的一个与齿轮轴线同心的圆上，实际齿距与理论齿距的代数差。如图 7-5 所示，图中 f_{pt} 为第 1 个齿距的齿距偏差。

当齿轮存在齿距偏差时，会造成一对齿啮合完了，而另一对齿进入啮合时，主动齿与被动齿发生冲撞，影响齿轮传动的平稳性精度。

（2）齿距累积偏差（F_{pk}）。任意 k 个齿距的实际弧长与理论弧长的代数差（图 7-5），理论上它等于 k 个齿距的各单个齿距偏差的代数和。一般 $\pm F_{pk}$ 适用于齿距数 k 为 2～$z/8$ 的范围，通常 k 取 $z/8$ 就足够了。

齿距累积偏差实际上是控制在圆周上的齿距累积偏差，如果此项偏差过大，将产生振动和噪声，影响平稳性精度。

（3）齿距累积总偏差（F_p）。齿距同侧齿面任意弧段（$k=1$ 到 $k=z$）内的最大齿距累积偏差，它表现为齿距累积偏差曲线的总幅值（见图 7-5）。

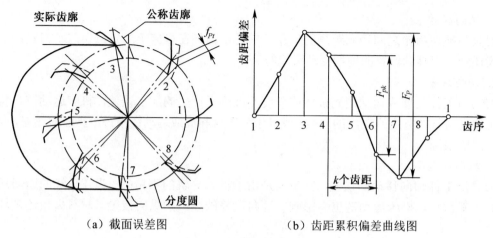

（a）截面误差图　　　　（b）齿距累积偏差曲线图

图 7-5　齿距累计总偏差

齿距累积总偏差（F_p）可反映齿轮转一转过程中传动比的变化，因此它影响齿轮的运动精度。

齿距偏差的检验一般在齿距比较仪上进行，属相对测量法，如图 7-6 所示。齿距仪的测头 3 为固定测头，活动测头 2 与指示表 7 相连，测量时将齿距仪与被测齿轮平放在检验平板上，用两个定位杆 4 前端顶在齿轮顶圆上，调整测头 2 和 3，使其大致在分度圆附近接触，以任一齿距作为基准齿距并将指示表对零，然后逐个齿距进行测量，得到各齿距相对于基准齿距的偏差 $P_相$，如表 7-1 所示，然后求出平均齿距偏差 $P_平$。

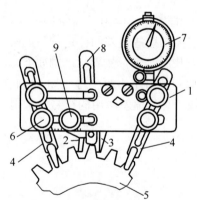

1—基体；2—活动测头；3—固定测头；4、8—定位杆
5—被测齿轮；6、9—锁紧螺钉；7—指示表

图 7-6　齿距比较仪测齿距偏差

表 7-1　齿距偏差数据处理

齿距序号 i	齿距仪读数 $P_{i相}$	$P_{i绝} = P_{i相} - P_{i平}$	$F_{pi} = \sum\limits_{i=1}^{z} P_{i绝}$	$F_{pk} = \sum\limits_{i=1}^{i+(k-1)} P_{i绝}$
1	0	-0.5	-0.5	-3.5　（11～1）
2	-1	-1.5	-2	-3.5　（12～2）
3	-2	-2.5	-4.5	-4.5　（1～3）

续表

齿距序号 i	齿距仪读数 $P_{i相}$	$P_{i绝}=P_{i相}-P_{i平}$	$F_{pi}=\sum\limits_{i=1}^{z}P_{i绝}$	$F_{pk}=\sum\limits_{i=1}^{i+(k-1)}P_{i绝}$
4	-1	-1.5	-6	-5.5（2～4）
5	-2	-2.5	(-8.5)	-6.5（3～5）
6	+3	+2.5	-6	-1.5（4～6）
7	+2	+1.5	-4.5	+1.5（5～7）
8	+3	+2.5	-2	+6.5（6～8）
9	+2	+1.5	-0.5	+5.5（7～9）
10	+4	(+3.5)	(+3)	(+7.5)（8～10）
11	-1	-1.5	+1.5	+3.5（9～11）
12	-1	-1.5	0	+0.5（10～12）

$$P_{平}=\sum_{1}^{z}P_{i相}=\frac{1}{12}[0+(-1)+(-2)+(-1)+(-2)+3+2+3+2+4+(-1)+(-1)]$$

$$=+0.5\mu m$$

然后求出 $P_{i绝}=P_{i相}-P_{平}$ 各值，将 $P_{i绝}$ 值累积后得到齿距累积偏差 F_{pi}，从 F_{pi} 中找出最大值、最小值，其差值即为齿距总偏差 F_p，F_p 发生在第 5 和第 10 齿距间。

$$F_p=F_{pimax}-F_{pimin}=（+3.0）-（-8.5）=11.5\mu m$$

在 $P_{i绝}$ 中找出绝对值最大值即为单个齿距偏差，发生在第 10 齿距 $f_{pt}=+3.5\mu m$。

将 F_{pi} 值每相邻 3 个数字相加就得出 $k=3$ 时的 F_{pk} 值，取其为 k 个齿距累积偏差，此例中 F_{pkmax} 为+7.5 μm，发生在第 8～10 齿距间。

2. 齿廓偏差

实际齿廓偏离设计齿廓的量，在端平面内且垂直于渐开线齿廓的方向计值。

（1）齿廓总偏差（F_α）。在计值范围内，包容实际齿廓迹线的两条设计齿廓迹线间的距离，如图 7-7（a）所示。齿廓总偏差 F_α 主要影响齿轮平稳性精度。

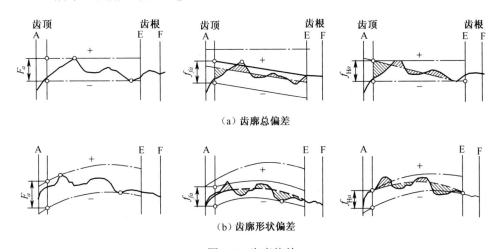

（a）齿廓总偏差

（b）齿廓形状偏差

图 7-7　齿廓偏差

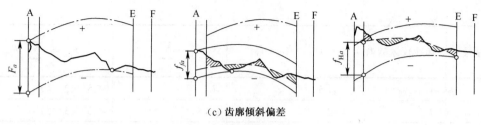

（c）齿廓倾斜偏差

图 7-7　齿廓偏差（续图）

（2）齿廓形状偏差（$f_{f\alpha}$）。在计值范围内，包容实际齿廓迹线的两条与平均齿廓迹线完全相同的曲线间的距离，且两条曲线与平均齿廓迹线的距离为常数，如图 7-7（b）所示。图中，点画线为设计轮廓；粗实线为实际轮廓；虚线为平均轮廓。该项偏差不是必检项目。

1）设计齿廓为未修形的渐开线；实际渐开线是在减薄区内具有偏向体内的负偏差。

2）设计齿廓为修形的渐开线；实际渐开线是在减薄区内具有偏向体内的负偏差。

3）设计齿廓为修形的渐开线；实际渐开线是在减薄区内具有偏向体外的正偏差。

（3）齿廓倾斜偏差（$f_{H\alpha}$）。在计值范围的两端，与平均齿廓迹线相交的两条设计齿廓迹线间的距离，如图 7-7（c）所示。

在近代齿轮设计中，对于高速传动齿轮，为减少基圆齿距偏差和轮齿弹性变形引起的冲击、振动和噪音，常采用以理论渐开线齿形为基础的修正齿形，如修缘齿形、凸齿形等，如图 7-7 所示。所以设计齿形可以是渐开线齿形，也可以是修正齿形。

齿廓偏差的检验也叫齿形检验，通常是在渐开线检查仪上进行的，图 7-8 为单盘式渐开线检查仪原理图。

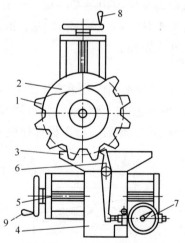

1—齿轮；2—基圆盘；3—直尺；4—滑板；5—丝杠；
6—杠杆；7—指示表；8、9—手轮

图 7-8　单盘式渐开线检查仪原理图

该仪器是用比较法进行齿形偏差测量的，即将被测齿形与理论渐开线比较，从而得出齿廓偏差。被测齿轮 1 与可更换的摩擦基圆盘 2 装在同一轴上，基圆盘直径要精确等于被测齿轮的理论基圆直径，并与装在滑板 4 上的直尺 3 以一定的压力相接触。当转动丝杠 5 使滑板 4 移动时，直尺 3 便与基圆 2 作纯滚动，此时齿轮也同步转动。在滑板 4 上装有测量杠杆 6，它的一端为测量头，与被测齿面接触，其接触点刚好在直尺 3 与基圆盘 2 相切的平面上，它走出的轨迹应为理论渐开线，但由于齿面存在齿形偏差，因此在测量过程中测头就产生了偏移，并通过指示表 7 指示出来，或由记录器画出齿廓偏差曲线，按 F_α 定义可以从记录曲线上求出 F_α 数值，然后再与给定的公差值进行比较。有时为了进行工艺分析或应用户要求，也可以从曲线上进一步分析出 $f_{f\alpha}$ 和 $f_{H\alpha}$ 数值。

3. 螺旋线偏差

在端面基圆切线方向上测得的实际螺旋线偏离设计螺旋线的量。

（1）螺旋线总偏差（F_β）。在计值范围内，包容实际螺旋线迹线的两条设计螺旋线迹线间的距离（图 7-9）。

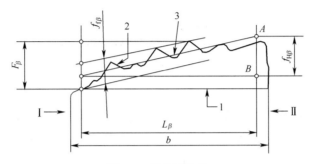

图 7-9 螺旋线偏差

在螺旋线检查仪上测量非修形螺旋线的斜齿轮偏差，原理是将被测齿轮的实际螺旋线与标准的理论螺旋线逐点进行比较，并将所得的差值在记录纸上画出偏差曲线图，如图 7-9 所示。没有螺旋线偏差的螺旋线展开后应该是一条直线（设计螺旋线迹线），即图中的线 1。如果无 F_β 偏差，仪器的记录笔应该走出一条与 1 重合的直线，而当存在 F_β 偏差时，则走出一条曲线 2（实际螺旋线迹线）。齿轮从基准面 I 到非基准面 II 的轴向距离为齿宽 b。齿宽 b 两端各减去 5% 的齿宽或减去一个模数长度后，得到的两者中的最小值是螺旋线计值范围 L_β，过实际螺旋线迹线最高点和最低点作与设计螺旋线平行的两条直线的距离即为 F_β。该项偏差主要影响齿面接触精度。

（2）螺旋线形状偏差（$f_{f\beta}$）。在计值范围内，包容实际螺旋线迹线的两条与平均螺旋线迹线完全相同的曲线间的距离（图 7-9）。平均螺旋线迹线是在计值范围内，按最小二乘法确定的（图 7-9 中的线 3）。该偏差不是必检项目。

（3）螺旋线倾斜偏差（$f_{H\beta}$）。在计值范围的两端，与平均螺旋线迹线相交的设计螺旋线迹线间的距离（图 7-9 中 a、b）。该偏差不是必检项目。

注意上述 F_β、$f_{f\beta}$、$f_{H\beta}$ 的取值方法适用于非修形螺旋线，当齿轮设计成修形螺旋线时，设计螺旋线迹线不再是直线，此时 F_β、$f_{f\beta}$、$f_{H\beta}$ 的取值方法见 GB/T 10095.1。

对直齿圆柱齿轮，螺旋角 $\beta = 0$，此时 F_β 称为齿向偏差。

螺旋线偏差用于评定轴向重合度 $\varepsilon_\beta > 1.25$ 的宽斜齿轮及人字齿轮，它适用于评定传递功率大、速度高的高精度宽斜齿轮。

斜齿轮的螺旋线总偏差是在导程仪或螺旋角测量仪上测量检验的，检验中由检测设备直接画出螺旋线图，如图 7-9 所示。按定义可从偏差曲线上求出 F_β 值，然后再与给定的公差值进行比较。有时为进行工艺分析或应用户要求，可从曲线上进一步分析出 $f_{f\beta}$ 或 $f_{H\beta}$ 的值。

直齿圆柱齿轮的齿向偏差 F_β 可用如图 7-10 所示的方法测量。齿轮连同测量心轴安装在具有前后顶尖的仪器上，将直径大致等于 $1.68m_n$ 的测量棒分别放入齿轮相隔 90°的 1、2 位置的齿槽间，在测量棒两端打表，测得的两次读数的差就可近似作为齿向误差 F_β。

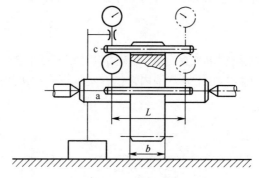

图 7-10　齿向偏差测量

4. 切向综合偏差

（1）切向综合总偏差（F_i'）。被测齿轮与测量齿轮单面啮合检验时,被测齿轮一转内,齿轮分度圆上实际圆周位移与理论圆周位移的最大差值（图 7-1）。F_i' 是反映齿轮运动精度的检查项目，但不是必检项目。

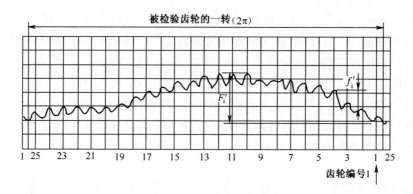

图 7-11　切向综合偏差曲线图

图 7-11 为在单面啮合测量仪上画出的切向综合偏差曲线图。横坐标表示被测齿轮转角，纵坐标表示偏差。如果齿轮没有偏差，偏差曲线应是与横坐标平行的直线。在齿轮一转范围内，过曲线最高、最低点作与横坐标平行的两条直线，则此平行线间的距离即为 F_i' 值。

（2）一齿切向综合偏差（f_i'）。如图 7-11 所示，在一个齿距角内，过偏差曲线的最高、最低点作与横坐标平行的两条直线，此平行线间的距离即为 f_i'。（取所有齿的最大值）f_i' 是检验齿轮平稳性精度的项目，但不是必检项目。

切向综合偏差包括切向综合总偏差 F_i' 和一齿切向综合偏差 f_i'。一般是在单啮仪上完成检验工作。该项检验需要在被测齿轮与测量齿轮呈啮合状态下，且只有一组同侧齿面相接触的情况下旋转一整圈所获得的偏差曲线图，方可用于评定切向综合偏差。

图 7-12 为光栅式单啮仪原理图，它由两个光栅盘建立标准传动，将被测齿轮与测量齿轮单面啮合组成实际传动。电动机通过传动系统带动和圆光栅盘Ⅰ转动，测量齿轮带动被测齿轮及其同轴上的光栅盘Ⅱ转动。被测齿轮的偏差以回转角误差的形式反映出来，此回转角的微小

角位移误差变为两电信号的相位差，两电信号输入相位计进行比相后，输入到电子记录器中记录，便得出被测齿轮的偏差曲线图。

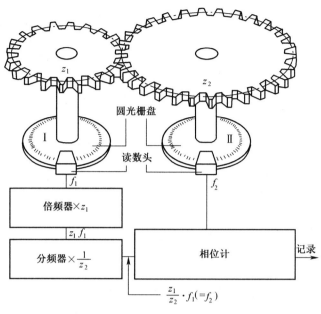

图 7-12　单啮仪原理图

7.2.2　径向综合偏差与径向跳动

1. 径向综合总偏差 F_i''

径向综合总偏差 F_i'' 是在径向（双面）综合检验时，被测齿轮的左右齿面同时与测量齿轮接触，并转过一整圈时出现的中心距最大值和最小值之差，如图 7-13 所示。

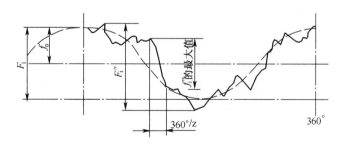

图 7-13　径向综合偏差曲线图

图 7-13 为在双啮仪上测量画出的 F_i'' 偏差曲线，横坐标表示齿轮转角，纵坐标表示偏差，过曲线最高、最低点作平行于横轴的两条直线，该两条平行线之间的距离即为 F_i'' 值。F_i'' 是反映齿轮运动精度的项目，但不是必检项目。

2. 一齿径向综合偏差（f_i''）

一齿径向综合偏差 f_i'' 是被测齿轮与测量齿轮啮合一整圈（径向综合检验）时，对应一个齿距角（$360°/z$）的径向综合偏差值（如图 7-13 所示）。被测齿轮所有轮齿的 f_i'' 的最大值不应超过规定的允许值。f_i'' 反映齿轮工作平稳精度，但不是必检项目。

径向偏差包括径向综合偏差 F_i'' 和一齿径向综合偏差 f_i''。一般是在齿轮双啮仪上测量。

图 7-14 为双啮仪原理图。理想、精确的测量齿轮安装在固定滑座 2 的心轴上，被测齿轮安装在可动滑座 3 的心轴上，在弹簧力的作用下，两者达到紧密无间隙的双面啮合，此时的中心距为度量中心距 a'。当二者转动时，由于被测齿轮存在加工误差，使得度量中心距发生变化，此变化通过测量台架的移动传到指示表，或由记录装置画出偏差曲线，如图 7-13 所示。从偏差曲线上可读得 F_i'' 和 f_i''。径向综合偏差包括了左、右齿面啮合偏差的成分，它不可能得到同侧齿面的单向偏差。该方法可应用于大量生产的中等精度齿轮和小模数齿轮（模数 1～10mm，中心距 50～300mm）的检测。

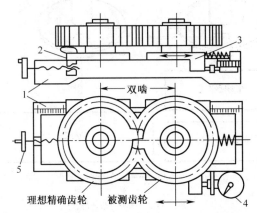

1－基体；2－固定滑座；3－可动滑座；4－指示表；5－手轮

图 7-14　双啮仪测量原理图

3. 径向跳动（F_r）

齿轮径向跳动为测头（球形、圆柱形、锥形）相继置于每个齿槽内时，相对于齿轮基准轴线的最大和最小径向距离之差，如图 7-15（a）所示。检查时测头在近似齿高中部与左右齿面接触，根据测量数值可画出如图 7-15（b）所示的径向跳动曲线图。

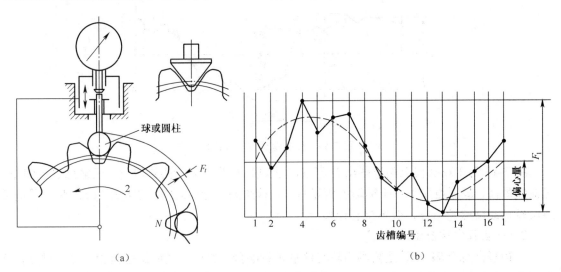

（a）　　　　　　　（b）

图 7-15　径向跳动

F_r 主要反映齿轮的几何偏心，它是检测齿轮运动精度的项目，但不是必检项目。

7.2.3　齿厚偏差及齿侧间隙

1. 齿厚偏差（E_{sn}）

齿厚偏差是指在分度圆柱面上齿厚的实际值与公称值之差，如图 7-16（a）所示。齿厚测量可用齿厚游标卡尺（如图 7-16（b）所示），也可用精度更高些的光学测齿仪测量。

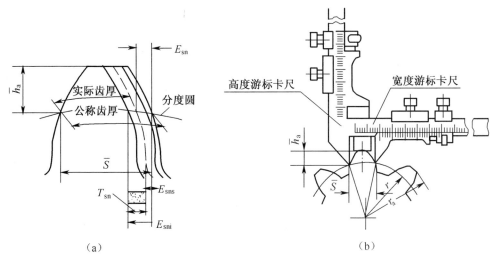

图 7-16　齿厚测量

用齿厚卡尺测齿厚时，首先将齿厚卡尺的高度游标卡尺调至相应于分度圆弦齿高 $\overline{h}_a$ 位置，然后用宽度游标卡尺测出分度圆弦齿厚 $\overline{S}$ 值，将其与理论值比较即可得到齿厚偏差 E_{sn}。

对于非变位直齿轮 $\overline{h}_a$ 与 $\overline{S}$ 按下式计算

$$\overline{h}_a = m + \frac{zm}{2}[1 - \cos(\frac{90^\circ}{z})] \tag{7-1}$$

$$\overline{S} = zm\sin\frac{90^\circ}{z} \tag{7-2}$$

对于变位直齿轮，$\overline{h}_a$ 与 $\overline{S}$ 按下式计算

$$\overline{h}_{a变} = m[1 + \frac{z}{2}(1 - \cos\frac{90^\circ + 41.7^\circ x}{z})] \tag{7-3}$$

$$\overline{S}_变 = mz\sin(\frac{90^\circ + 41.7^\circ x}{z}) \tag{7-4}$$

式中，x 为变位系数。

对于斜齿轮，应测量其法向齿厚，其计算公式与直齿轮相同，只是应以法向参数（即 m_n、α_n、x_n）和当量齿数 $z_当$ 代入相应公式计算。

2. 公法线长度偏差（E_{bn}）

公法线长度偏差是指公法线长度的实际值与公称值之差。

公法线长度 W_n 是在基圆柱切平面上跨 n 个齿（对外齿轮）或 n 个齿槽（对内齿轮）在接触到一个齿的右齿面和另一个齿的左齿面的两个平行平面之间测得的距离。公法线长度的公称值由下式给出

$$W_n = m\cos\alpha[\pi(n - 0.5) + z \cdot inv\alpha] + 2xm\sin\alpha \tag{7-5}$$

对标准齿轮 $\qquad W_n = m[1.476(2n-1)+0.014 \times z]$ （7-6）

式中：x——径向变位系数；

$\quad inv\,\alpha$ —— α 角的渐开线函数；

$\quad n$ ——测量时的跨齿数；

$\quad m$ ——模数；

$\quad z$ ——齿数。

3. 齿侧间隙

如前面 7.1 节所述，为保证齿轮润滑、补偿齿轮的制造误差、安装误差以及热变形等造成的误差，必须在非工作面留有侧隙。单个齿轮没有侧隙，它只有齿厚，相互啮合的轮齿的侧隙是由一对齿轮运行时的中心距以及每个齿轮的实际齿厚所控制。国标规定采用"基准中心距制"，即在中心距一定的情况下，用控制轮齿的齿厚的方法获得必要的侧隙。

（1）齿侧间隙的表示法。齿侧间隙通常有两种表示法：法向侧隙 j_{bn} 和圆周侧隙 j_{wt}（参见图 7-3）。法向侧隙 j_{bn} 是当两个齿轮的工作齿面相互接触时，其非工作面之间的最短距离。测量 j_{bn} 需在基圆切线方向，也就是在啮合线方向上测量，一般可以通过压铅丝方法测量，即齿轮啮合过程中在齿间放入一块铅丝，啮合后取出压扁了的铅丝测量其厚度。也可以用塞尺直接测量 j_{bn}。圆周侧隙 j_{wt} 是当固定两啮合齿轮中的一个，另一个齿轮所能转过的节圆弧长的最大值。理论上 j_{bn} 与 j_{wt} 存在以下关系

$$j_{bn} = j_{wt} \cos\alpha_{wt} \times \cos\beta_b$$ （7-7）

式中：α_{wt} ——端面工作压力角；

$\quad \beta_b$ ——基圆螺旋角。

（2）最小侧隙（j_{bnmin}）的确定。在设计齿轮传动时，必须保证有足够的最小侧隙 j_{bnmin} 以保证齿轮机构正常工作。对于用黑色金属材料齿轮和黑色金属材料箱体，工作时齿轮节圆线速度小于 15m/s，其箱体、轴和轴承都采用常用的商业制造公差的齿轮传动，j_{bnmin} 可按下式计算：

$$j_{bnmin} = \frac{2}{3}(0.06 + 0.0005a + 0.03m_n)\text{mm}$$ （7-8）

按上式计算可以得出如表 7-2 所示的推荐数据。

表 7-2　对于中、大模数齿轮最小侧隙 j_{bnmin} 的推荐数据（摘自 GB/Z 18620.2—2002）　（mm）

模数 m_n	中心距 a					
	50	100	200	400	800	1600
1.5	0.09	0.11	—	—	—	—
2	0.10	0.12	0.15	—	—	—
3	0.12	0.14	0.17	0.24	—	—
5	—	0.18	0.21	0.28	—	—
8	—	0.24	0.27	0.34	0.47	—
12	—	—	0.35	0.42	0.55	—
18	—	—	—	0.54	0.67	0.94

（3）齿侧间隙的获得和检验项目。齿轮轮齿的配合是采用基中心距制，在此前提下，齿侧间隙必须通过减薄齿厚来获得，其检测可采用控制齿厚或公法线长度等方法来保证侧隙。

1）用齿厚极限偏差控制齿厚。为了获得最小侧隙 j_{bnmin}，齿厚应保证有最小减薄量，它是由分度圆齿厚上偏差 E_{sns} 形成的，如图 7-16 所示。

对于 E_{sns} 的确定，可类比选取，也可参考下述方法计算选取。

当主动轮与被动轮齿厚都做成最大值（即做成上偏差）时，可获得最小侧隙 j_{bnmin}。通常取两齿轮的齿厚上偏差相等，此时可有：

$$j_{bnmin} = 2|E_{sns}|\cos\alpha_n \tag{7-7}$$

因此

$$E_{sns} = j_{bnmin}/2\cos\alpha_n \tag{7-8}$$

注意：按上式求得的 E_{sns} 应取负值。

当对最大侧隙也有要求时，齿厚下偏差 E_{sni} 也需要控制，此时需进行齿厚公差 T_{sn} 计算。齿厚公差的选择要适当，公差过小势必增加齿轮制造成本；公差过大会使侧隙加大，使齿轮反转时空行程过大。齿厚公差 T_{sn} 可按下式求得

$$T_{sn} = \sqrt{F_r^2 + b_r^2}\, 2\tan\alpha_n \tag{7-9}$$

式中，b_r——切齿径向进刀公差，可按表 7-3 选取。

表 7-3　切齿径向进刀公差 b_r 值

齿轮精度等级	4	5	6	7	8	9
b_r 值	1.26IT7	IT8	1.26IT8	IT9	1.26IT9	IT10

注：查 IT 值的主参数为分度圆直径尺寸。

这样 E_{sni} 可按下式求出

$$E_{sni} = E_{sns} - T_{sn} \tag{7-10}$$

式中 T_{sn} 为齿厚公差。显然若齿厚偏差合格，实际齿厚偏差 E_{sn} 应处于齿厚公差带内，从而保证齿轮副侧隙满足要求。

2）用公法线长度极限偏差控制齿厚。齿厚偏差的变化必然引起公法线长度的变化。测量公法线长度同样可以控制齿侧间隙。公法线长度的上偏差 E_{bns} 和下偏差 E_{bni} 与齿厚偏差有如下关系：

$$E_{bns} = E_{sns}\cos\alpha_n \tag{7-11}$$

$$E_{bni} = E_{sni}\cos\alpha_n \tag{7-12}$$

7.3　齿轮坯精度、齿轮轴中心距、轴线平行度和轮齿接触斑点

齿轮坯和齿轮箱体的尺寸偏差和形位误差及表面质量，对齿轮的加工和检验及齿轮副的转动情况有极大的影响，加工齿轮坯和齿轮箱体时，保持较高的加工精度可使加工的轮齿精度较易保证，从而保证齿轮的传动性能。

7.3.1　齿轮坯精度

有关齿轮轮齿精度（齿廓偏差、相邻齿距偏差等）的参数的数值，只有明确其特定的旋转轴线时才有意义。当测量时齿轮围绕其旋转的轴线如有改变，则这些参数测量值也将改变。因此在齿轮的图纸上，必须把规定轮齿公差的基准轴线明确表示出来，事实上整个齿轮的几何形状均以其为基准。表 7-4～7-6 是标准推荐的基准面的公差要求。

表 7-4　基准面与安装面的形位公差（摘自 GB/Z18620.3-2002）

确定轴线的基准面	图例	公差项目及公差值
用两个"短的"圆柱或圆锥形基准面上设定的两个圆的圆心来确定轴线上的两点		圆度公差 t_1 取 0.04（L/b）F_β 或 $0.1F_p$ 的较小值（L 为该齿轮较大的轴承跨距；b 为齿轮宽度）
用一个"长的"圆柱或圆锥形基准面来同时确定轴线的位置和方向。孔的轴线可以用与之相匹配正确地装配的工作芯轴的轴线来代表		圆柱度公差 t 取 0.04（L/b）F_a 或 $0.1F_p$ 的较小值
轴线位置用一个"短的"圆柱形基准面上一个圆的圆心来确定，其方向则用垂直于此轴线的一个基准端面来确定		端面的平面度公差 t_1 按 0.06（D_d/b）F_a 选取，圆柱面圆度公差 t_2 按 $0.06F_p$ 选取

表 7-5　齿坯径向和端面圆跳动公差　　　　　　　　　　　（μm）

分度圆直径	齿轮精度等级			
d/mm	3、4	5、6	7、8	9～12
到 125	7	11	18	28
>125～400	9	14	22	36
>400～800	12	20	32	50
>800～1600	18	28	45	71

表 7-6　齿坯尺寸公差　（μm）

齿轮精度等级		5	6	7	8	9	10	11	12
孔	尺寸公差	IT5	IT6	IT7		IT8		IT9	
轴	尺寸公差	IT5		IT6		IT7		IT8	
顶圆直径偏差		$\pm 0.05 m_n$							

注：孔轴的形位公差按包容要求确定。

齿面粗糙度影响齿轮的传动精度、表面承载能力和弯曲强度，必须加以控制。表 7-7 是标准推荐的齿轮齿面轮廓的算术平均偏差 R_a 参数值。

表 7-7　齿面表面粗糙度允许值　摘自（GB/Z18620.4－2002）　（μm）

齿轮精度等级	R_a		R_z	
	$M_n < 6$	$6 \leq m_n \leq 25$	$M_n < 6$	$6 \leq m_n \leq 25$
5	0.5	0.63	3.2	4.0
6	0.8	1.00	5.0	6.3
7	1.25	1.60	8.0	10
8	2.0	2.5	12.5	16
9	3.2	4.0	20	25
10	5.0	6.3	32	40
11	10.0	12.5	63	80
12	20	25	125	160

7.3.2　轴中心距和平行度偏差

1. 中心距允许偏差（$\pm f_a$）

在齿轮只是单向承载运转而不经常反转的情况下，中心距允许偏差主要考虑重合度的影响。对传递运动的齿轮，其侧隙需控制，此时中心距允许偏差应较小；当轮齿上的负载常常反转时要考虑下列因素：①轴、箱体和轴承的偏斜；②安装误差；③轴承跳动；④温度的影响。

一般 5、6 级精度齿轮 f_a = IT7/2，7、8 级精度齿轮 f_a = IT9/2（推荐值）。

2. 轴线平行度偏差（$f_{\Sigma\delta}$、$f_{\Sigma\beta}$）

轴线平行度偏差影响螺旋线啮合偏差，也就是影响齿轮的接触精度，如图 7-17 所示。

$f_{\Sigma\delta}$ 为轴线平面内的平行度偏差，是在两轴线的公共平面上测量的。$f_{\Sigma\beta}$ 为轴线垂直平面内的平行度偏差，是在两轴线公共平面的垂直平面上测量的。

$f_{\Sigma\beta}$ 和 $f_{\Sigma\delta}$ 的最大推荐值为

$$f_{\Sigma\beta} = 0.5 (L/b) F_a \tag{7-14}$$

$$f_{\Sigma\delta} = 2 f_{\Sigma\beta} \tag{7-15}$$

7.3.3　轮齿接触斑点

接触斑点可衡量轮齿承受载荷的均匀分布程度，从定性和定量上可分析齿长方向配合精度，这种检测方法一般用于以下场合：不能装在检查仪上的大齿轮或现场没有检查仪可用，如舰船用大型齿轮；高速齿轮；起重机、提升机的开式末级传动齿轮；圆锥齿轮等。其优点是：

测试简易快捷，准确反映装配精度状况，能够综合反映轮齿的配合性。表 7-8 给出了齿轮装配后接触斑点的最低要求。

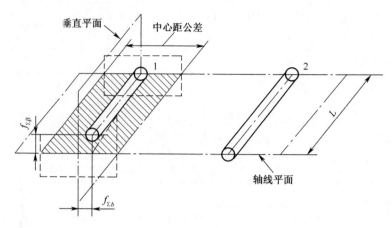

图 7-17 轴线平行度偏差

表 7-8 齿轮装配后接触斑点

参数 齿轮 精度 等级	$b_{c1}/b×100\%$		$H_{c1}/h×100\%$		$b_{c2}/b×100\%$		$h_{c1}/h×100\%$	
	直齿轮	斜齿轮	直齿轮	斜齿轮	直齿轮	斜齿轮	直齿轮	斜齿轮
4 级及更高	50	50	70	50	40	40	50	30
5 和 6	45	45	50	40	35	35	30	20
7 和 8	35	35	50	401	35	35	30	20
9 至 12	25	25	50	40	25	25	30	20

7.4 渐开线圆柱齿轮精度标准及其应用

7.4.1 精度标准

新标准规定：在文件需叙述齿轮精度要求时，应注明 GB/T 10095.1－2001 或 GB/T 10095.2－2001。

1. 精度等级及表示方法

标准对单个齿轮规定了 13 个精度等级，从高到低分别用阿拉伯数字 0,1,2,3,…,12 表示，其中 0～2 级齿轮要求非常高，属于未来发展级；3～5 级称为高精度等级；6～8 级称为中精度等级（最常用）；9 为较低精度等级；10～12 为低精度等级。

齿轮精度等级标注方法如下：

7 GB/T 10095.1－2001 含义为：齿轮各项偏差项目均为 7 级精度，且符合 GB/T10095.1－2001 要求。

7 F_p6($F_\alpha F_\beta$) GB/T10095.1－2001 含义为：齿轮各项偏差项目均应符合 GB/T10095.1－2001 要求，F_p 为 7 级精度，F_α、F_β 均为 6 级精度。

2. 齿厚偏差标注

按照 GB./T 6443-1986《渐开线圆柱齿轮图样上应注明的尺寸数据》的规定，应将齿厚（或公法线长度）及其极限偏差数值注写在图样右上角的参数表中。

7.4.2　各偏差允许值计算公式和标准值

GB/T 10095.1-2001 和 GB/T10095.2-2001 规定：公差表格中的数值是用对 5 级精度规定的公差值乘以级间公比计算出来的。两相邻精度等级的级间比等于 $\sqrt{2}$。5 级精度未圆整的计算值乘以 $\sqrt{2}^{(Q-5)}$，即可得到任一精度等级的待求值，式中 Q 是待求值的精度等级数。表 7-9 是各级精度齿轮轮齿偏差、径向综合偏差等值的计算公式。

标准中各公差或极限偏差数值表列出的数值是用表 7-9 中的公式计算并圆整后得到的。

表 7-9　齿轮偏差、径向综合偏差、径向跳动允许值的计算公式（摘自 GB/T10095.1、2—2001）

项目代号	允许值计算公式
$\pm f_{pt}$	$(0.3(m_n + 0.4d^{0.5}) + 4) \times 2^{0.5(Q-5)}$
$\pm F_{pk}$	$(f_p + 1.6[(k-1)m_n]^{0.5}) \times 2^{0.5(Q-5)}$
F_p	$(0.3m_n + 1.25d^{0.5} + 7) \times 2^{0.5(Q-5)}$
F_α	$(3.2m_n^{0.5} + 0.22d^{0.5} + 0.7) \times 2^{0.5(Q-5)}$
$f_{f\alpha}$	$(2.5m_n^{0.5} + 0.17d^{0.5} + 0.5) \times 2^{0.5(Q-5)}$
$\pm f_{H\alpha}$	$(2m_n^{0.5} + 0.14d^{0.5} + 0.5) \times 2^{0.5(Q-5)}$
F_β	$(0.1d^{0.5} + 0.63b^{0.5} + 4.2) \times 2^{0.5(Q-5)}$
$f_{f\alpha} \pm f_{H\alpha}$	$(0.07d^{0.5} + 0.45b^{0.5} + 3) \times 2^{0.5(Q-5)}$
F_i'	$(F_p + f_i) \times 2^{0.5(Q-5)}$
f_i'	$K(4.3 + f_{pt} + F_\alpha) \times 2^{0.5(Q-5)} = K(9 + 0.3m_N + 3.2m_n^{0.5} + 0.34d^{0.5}) \times 2^{0.5(Q-5)}$ $c_i < 4$ 时，$K = 0.2\left(\dfrac{c_i + 4}{c_i}\right)$；　$c_i \geq 4$ 时，$K=4$
f_i''	$(2.96m_n + 0.01(d)^{0.5} + 0.8) \times 2^{0.5(Q-5)}$
F_i''	$(F_i' + f_i') \times 2^{0.5(Q-5)} = [3.2m_n + 1.01(d)^{0.5} + 6.4] \times 2^{0.5(Q-5)}$
F_r	$(0.8F_p) \times 2^{0.5(Q-5)} = (0.24m_n + 1.01(d)^{0.5} + 5.6) \times 2^{0.5(Q-5)}$

各计算式中 m_n（法向模数）、d（分度圆直径）、b（齿宽）均应取该参数分段界限值的几何平均值。如果计算值大于 10μm，则圆整到最接近的整数；如果小于 10μm，则圆整到最接近的尾数为 0.5μm 的小数或整数；如果小于 5μm，则圆整到最接近的 0.1μm 的一位小数或整数。

表 7-10～表 7-12 分别给出了以上各项偏差的数值。

7.4.3　齿轮的检验组（推荐）

齿轮精度标准 GB/T10095.1～2 及 GB/Z18620.2 等文件中给出了很多偏差项目，作为划分齿轮质量等级的标准一般只有下列几项，即齿距偏差 F_p、f_{pt}、F_{pk}，齿廓总偏差 $F_{p\alpha}$、螺旋线总

偏差 F_β，齿厚偏差 E_{sn}。其他参数不是必检项目，而是根据需方要求而确定，充分体现了用户第一的思想。按照我国的生产实践及现有生产和检测水平，特推荐五个检验组（见表 7.13），以便于设计人员按齿轮使用要求、生产批量和检验设备选取其中一个检验组，来评定齿轮的精度等级。

表 7-10　F_β、$f_{f\beta}$、$f_{H\beta}$ 偏差允许值（摘自 GB/T 10095.1-2001）　　　　μm

分度圆直径 d/mm	偏差项目 精度等级 齿宽 b/mm	螺旋线总公差 F_β				螺旋线形状总公差 $f_{f\beta}$ 和螺旋线倾斜极限偏差			
		5	6	7	8	5	6	7	8
≥5～20	≥4～10	6.0	8.5	12	17	4.4	6.0	8.5	12
	<10～20	7.0	9.5	14	19	4.9	7.0	10	14
>20～50	≥4～10	6.5	9.0	13	18	4.5	6.5	9.0	13
	>10～20	7.0	10	14	20	5.0	7.0	10	14
	>20～40	8.0	11	16	23	6.0	8.0	12	16
>50～125	≥4～10	6.5	9.5	13	19	4.8	6.5	9.5	13
	>10～20	7.5	11	15	21	5.5	7.5	11	15
	>20～40	8.5	12	17	24	6.0	8.0	12	17
	>40～80	10	14	20	28	7.0	10	14	20
>125～280	≥4～10	7.0	10	14	20	5.0	7.0	10	14
	>10～20	8.0	11	16	22	5.5	8.0	11	16
	>20～40	9.0	13	18	25	6.5	9.0	13	18
	>40～80	10	15	21	29	7.5	10	15	21
	>80～160	12	17	25	35	8.5	12	17	25
>280～560	≥10～20	8.5	12	17	24	6.0	8.5	12	17
	>20～40	9.5	13	19	27	7.0	9.5	14	19
	>40～80	11	15	22	31	8.0	11	16	22
	>80～160	13	18	26	36	9.0	13	18	26
	>160～250	15	21	30	43	11	15	22	30

7.4.4　应用

上述所讲内容目的之一是进一步做好齿轮精度设计，而齿轮精度设计主要包括以下四个方面内容。

1. 齿轮精度等级的确定

选择精度等级的主要依据是齿轮的用途、使用要求和工作条件，一般有计算法和类比法。类比法是参考同类产品的齿轮精度，结合所设计齿轮的具体要求来确定精度等级。表 7-14 为多年来实践中搜集到的齿轮精度使用情况，可供参考。

表 7-11　±f_{pt}、F_P、f_α、$f_{f\alpha}$、$f_{H\alpha}$、F_r、f'_i/k 值偏差允许值（摘自 GB/T 10095.1—2001）　μm

分度圆直径 d (mm)	m_n/mm (精度等级)	单个齿距极限偏差 ±f_{pt}				齿距累计总公差 F_P				齿廓总公差 f_α				齿廓形状偏差 $f_{f\alpha}$				齿廓倾斜极限偏差 ±$f_{H\alpha}$				径向跳动公差 F_r				f'_i/k 值			
		5	6	7	8	5	6	7	8	5	6	7	8	5	6	7	8	5	6	7	8	5	6	7	8	5	6	7	8
≥5~20	≥0.5~2	4.7	6.5	9.5	13	11	16	23	32	4.6	6.5	9.0	13	3.5	5.0	7.0	10	2.9	4.2	6.0	8.5	9.0	13	18	25	14	19	27	38
	>2~3.5	5.0	7.5	10	15	12	17	23	33	6.5	9.5	13	19	5.0	7.0	10	14	4.2	6.0	8.5	12	9.5	13	19	27	16	23	32	45
>20~50	≥0.5~2	5.0	7.0	10	14	14	20	29	41	5.0	7.5	10	15	4.0	5.5	8.0	11	3.3	4.6	6.5	9.5	11	16	23	32	14	20	29	41
	>2~3.5	5.5	7.5	11	15	15	21	30	42	7.0	10	14	20	5.5	8.0	11	16	4.5	6.5	9.0	13	12	17	24	34	17	24	34	48
	>3.5~6	6.0	8.5	12	17	15	22	31	44	9.0	12	18	25	7.0	9.5	14	19	5.5	8.0	11	16	12	17	25	35	19	27	38	54
>50~125	≥0.5~2	5.5	7.5	11	15	18	26	37	52	6.0	8.5	12	17	4.5	6.5	9.0	13	3.7	5.5	7.5	11	15	21	29	42	16	22	31	44
	>2~3.5	6.0	8.5	12	17	19	27	38	53	8.0	11	16	22	6.0	8.5	12	17	5.0	7.0	10	14	15	21	30	43	18	25	36	51
	>3.5~6	6.5	9.0	13	18	19	28	39	55	9.0	13	19	27	7.5	10	15	21	6.0	8.5	12	17	16	22	31	44	20	29	40	57
125~280	≥0.5~2	6.0	8.5	12	17	24	35	49	69	7.0	10	14	20	5.5	7.5	11	15	4.4	6.0	9.0	12	20	28	39	55	17	24	34	49
	>2~3.5	6.5	9.0	13	18	25	35	50	70	9.0	13	18	25	7.0	9.5	14	19	5.5	8.0	11	16	20	28	40	56	20	28	39	56
	>3.5~6	7.0	10	14	20	25	36	51	72	11	15	21	30	8.0	12	16	23	6.5	9.5	13	19	20	29	41	58	22	31	44	62
>280~560	≥0.5~2	6.5	9.5	13	19	32	46	64	91	8.5	12	17	23	6.5	9.0	13	18	5.5	7.5	11	15	26	36	51	73	19	27	39	54
	>2~3.5	7.0	10	14	20	33	46	65	92	10	15	21	29	8.0	11	16	22	6.5	9.0	13	18	26	37	52	74	22	31	44	62
	>3.5~6	8.0	11	16	22	33	47	66	94	12	17	24	34	9.0	13	18	26	7.5	11	15	21	27	38	53	75	24	34	48	68

表 7-12　F_i''、f_i'' 公差值（摘自 GB/T 10095.2-2001）　　　　　　（μm）

分度圆直径 d/mm	公差项目	径向综合总公差 F_i''				一齿径向综合公差 f_i''			
	精度等级 模数 m_n /mm	5	6	7	8	5	6	7	8
≥5～20	≥0.2～0.5	11	15	21	30	2.0	2.5	3.5	5.0
	>0.5～0.8	12	16	23	33	2.5	4.0	5.5	7.5
	>0.8～1.0	12	18	25	35	3.5	5.0	7.0	10
	>1.0～1.5	14	19	27	38	4.5	6.5	9.0	13
>20～50	≥0.2～0.5	13	19	26	37	2.0	2.5	3.5	5.0
	>0.5～0.8	14	20	28	40	2.5	4.0	5.5	7.5
	>0.8～1.0	15	21	30	42	3.5	5.0	7.0	10
	>1.0～1.5	16	23	32	45	4.5	6.5	9.0	13
	>1.5～2.5	18	26	37	52	6.5	9.5	13	19
>50～125	≥1.0～1.5	19	27	39	55	4.5	6.5	9.0	13
	>1.5～2.5	22	31	43	61	6.5	9.5	13	19
	>2.5～4.0	25	36	51	72	10	14	20	29
	>4.0～6.0	31	44	62	88	15	22	31	44
	>6.0～10	40	57	80	114	24	34	48	67
>125～280	≥1.0～1.5	24	34	48	68	4.5	6.5	9.0	13
	>1.5～2.5	26	37	53	75	6.5	9.5	13	19
	>2.5～4.0	30	43	61	86	10	15	21	29
	>4.0～6.0	36	51	72	102	15	22	31	44
	>6.0～10	45	64	90	127	24	34	48	67
>280～560	≥1.0～1.5	30	43	61	86	4.5	6.5	9.0	13
	>1.5～2.5	33	46	65	92	6.5	9.5	13	19
	>2.5～4.0	37	52	73	104	10	15	21	29
	>4.0～6.0	42	60	84	119	15	22	31	44
	>6.0～10	51	73	103	145	24	34	48	68

表 7-13　齿轮的检验组

检验组	检验项目	精度等级	测量仪器	备注
1	F_p、F_α、F_β、F_r、E_{sn} 或 E_{bn}	3～9	齿距仪、齿形仪、齿向仪、摆差测定仪、齿厚卡尺或公法线千分尺	单件小批量
2	F_p、F_{pk}、F_α、F_β、F_r、E_{sn} 或 E_{bn}	3～9	齿距仪、齿形仪、齿向仪、摆差测定仪、齿厚卡尺或公法线千分尺	单件小批量
3	F_i''、f_i''、E_{sn} 或 E_{bn}	6～9	双面啮合测量仪、齿厚卡尺或公法线千分尺	大批量
4	f_{pt}、F_r、E_{sn} 或 E_{bn}	10～12	齿距仪、摆差测定仪、齿厚卡尺或公法线千分尺	
5	F_i'、f_i'、F_β、E_{sn} 或 E_{bn}	3～6	单啮仪、齿向仪、齿厚卡尺或公法线千分尺	大批量

表 7-14　各类机械设备的齿轮精度等级

应用范围	精度等级	应用范围	精度等级
测量齿轮	3～5	拖拉机	6～10
汽轮机、减速器	3～6	一般用途的减速器	6～9
金属切削机床	3～8	轧钢设备小齿轮	6～10
内燃机与电气机车	6～7	矿用绞车	8～10
轻型汽车	5～8	起重机机构	7～10
重型汽车	6～9	农业机械	8～11
航空发动机	4～7		

中等速度和中等载荷的一般齿轮精度等级通常按分度圆处的圆周速度来确定，具体选择参考表 7-15。

表 7-15　齿轮精度等级的适用范围

精度等级	圆周速度 $v/\text{m} \cdot \text{s}^{-1}$		工作条件与适用范围
	直齿	斜齿	
4	$20<v\leqslant35$	$40<v\leqslant70$	特精密分度机构，或在最平稳、无噪声的极高速下工作的传动齿轮 高速透平传动齿轮 检测 7 级齿轮的测量齿轮
5	$16<v\leqslant20$	$30<v\leqslant40$	精密分度机构或在极平稳、无噪声的高速下工作的传动齿轮 精密机构用齿轮 透平齿轮 检测 8 级和 9 级齿轮的测量齿轮
6	$10<v\leqslant16$	$15<v\leqslant30$	最高效率、无噪声的高速下平稳工作的齿轮传动 特别重要的航空、汽车齿轮 读数装置用的特别精密传动齿轮
7	$6<v\leqslant10$	$10<v\leqslant15$	增速和减速用齿轮传动 金属切削机床进给机构用齿轮 高速减速器齿轮 航空、汽车用齿轮 读数装置用齿轮
8	$4<v\leqslant6$	$4<v\leqslant10$	一般机械制造用齿轮 分度链之外的机床传动齿轮 空、汽车用的不重要齿轮 起重机构用齿轮、农业机械中的重要齿轮 通用减速器齿轮
9	$v\leqslant4$	$v\leqslant4$	不提出精度要求的粗糙工作齿轮

2. 最小侧隙和齿厚偏差的确定

按本章 7.2.3 节中讲述的方法，进行合理的确定。

3. 检验组的确定

确定检验组就是确定检验项目，一般根据以下几方面内容来选择：

（1）齿轮的精度等级、齿轮的切齿工艺；

（2）齿轮的生产批量；

（3）齿轮的尺寸大小和结构；

（4）齿轮的检测设备情况。

综合以上情况，从表 7-13 中选取。

4. 齿坯及箱体精度的确定

根据齿轮的具体结构和使用要求，按本章 7.3.1 节所述内容确定。

例　某通用减速器齿轮中有一对直齿齿轮副，模数 $m = 3$mm，齿形角 $\alpha = 20°$，齿数 $Z_1 = 32$，$Z_2 = 96$，齿宽 $b = 20$mm，轴承跨度为 85mm，传递最大功率为 5kW，转速 $n_1 = 1280$r/min，齿轮箱用喷油润滑，生产条件为小批量生产。试设计小齿轮精度，并画出小齿轮零件图。

解　（1）确定齿轮精度等级。

从给定条件知该齿轮为通用减速器齿轮，由表 7-14 可以大致得出齿轮精度等级在 6～9 级之间，而且该齿轮为既传递运动又传递动力，可按线速度来确定精度等级。

$$v = \frac{\pi d n_1}{1000 \times 60} = \frac{3.14 \times 3 \times 32 \times 1280}{1000 \times 60} = 6.43 \text{m/s}$$

由表 7-15 选出该齿轮精度等级为 7 级，表示为 7 GB/T 10095.1-2001。

（2）最小侧隙和齿厚偏差的确定。

中心距

$$a = m(Z_1 + Z_2)/2 = 3 \times (32+96)/2 = 192 \text{ mm}$$

按式 7-8 计算

$$j_{\text{bn min}} = \frac{2}{3}(0.06+0.005a+0.03m) = \frac{2}{3}(0.06+0.0005 \times 192+0.03 \times 3) = 0.164 \text{mm}$$

由公式 7-10 得

$$E_{\text{sns}} = j_{\text{bn min}}/2\cos\alpha = 0.164/(2\cos20°) = 0.087 \text{ mm}$$

取负值　$E_{\text{sns}} = -0.087$mm

分度圆直径 $d = m \cdot Z = 3 \times 32 = 96$mm，由表 7-11 查得 $F_r = 30\mu\text{m} = 0.03$mm

由表 7.3 查得 $b_r = \text{IT9} = 0.087$mm

$\therefore$　$T_{\text{sn}} = \sqrt{F_r^2 + b_r^2} \times 2\tan20° = \sqrt{0.03^2 + 0.087^2} \times 2 \times \tan20° = 0.067$mm

$\therefore$　$E_{\text{sni}} = E_{\text{sns}} - T_{\text{sn}} = 0.154$mm

而公称齿厚　$\overline{S} = zm\sin\dfrac{90°}{z} = 4.71$mm

$\therefore$公称齿厚及偏差为 $4.71^{-0.087}_{-0.154}$。

也可以用公法线长度极限偏差来代替齿厚偏差：

上偏差 $E_{\text{bns}} = E_{\text{sns}} \cdot \cos\alpha = -0.087 \times \cos20° = -0.082$mm

下偏差 $E_{\text{bni}} = E_{\text{sni}} \cdot \cos\alpha = -0.154 \times \cos20° = -0.145$mm

跨齿数 $n = Z/9+0.5 = 32/9+0.5 \approx 4$

公法线公称长度

$$W_n = m[2.9521 \times (k-0.5)+0.014Z] = 3 \times [2.9521 \times (4-0.5)+0.014 \times 32] = 32.341 \text{mm}$$

$\therefore$　$W_n = 32.341^{-0.082}_{-0.154}$

（3）确定检验项目。

参考表 7-13，该齿轮属于小批生产，中等精度，无特殊要求，可选第一组。

由表 7-11 查得 F_P=0.038mm；F_α=0.016mm；F_r=0.030mm；由表 7-10 查得 F_β=0.015mm。

（4）确定齿轮箱体精度（齿轮副精度）。

①中心距极限偏差　$\pm f_a$ = $\pm$IT9/2 = $\pm$115/2μm ≈ $\pm$57μm = $\pm$0.057mm

∴　a = 192$\pm$0.057mm

②轴线平行度偏差 $f_{\Sigma\beta}$ 和 $f_{\Sigma\delta}$

由式 7-15 得　$f_{\Sigma\beta}$ =0.5(L/b) F_β = 0.5$\times$(85/20)$\times$0.015=0.032mm

由式 7-16 得　$f_{\Sigma\delta}$ =2$f_{\Sigma\beta}$ = 2$\times$0.032 = 0.064mm

（5）齿轮坯精度

①内孔尺寸偏差：由表 7-6 查出公差为 IT7，其尺寸偏差为 ϕ40H7（$^{+0.025}_{0}$）Ⓔ。

②齿顶圆直径偏差：

齿顶圆直径：d_a= $m(Z+2)$=3(32+2)=102mm

齿顶圆直径偏差：$\pm$0.05m=$\pm$0.05$\times$3 = $\pm$0.15mm，即 d_a=102$\pm$0.15mm。

③基准面的形位公差：内孔圆柱度公差 t_1

∵　0.04(L/b) F_β = 0.04$\times$(85/20)$\times$0.015≈0.0026mm

F_P =0.1$\times$0.038=0.0038mm

∴　取最小值 0.0026，即 t_1=0.0026≈0.003mm

查表 7.4 得端面圆跳动公差 t_2 =0.018mm

顶圆径向圆跳动公差：t_3= t_2 =0.018mm

④齿面表面粗糙度：查表 7-6 得 R_a 的上限值为 1.25μm，图 7-18 为设计齿轮的零件图。

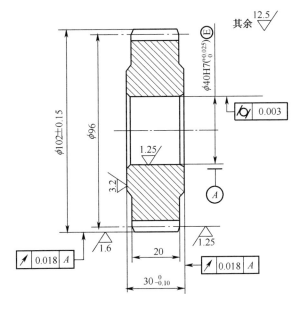

模数	m	3
齿数	z	32
齿形角	a	20°
变位系数	x	0
精度	7GB 10095−2001	
齿距累计总公差	F_P	0.038
齿廓总公差	F_a	0.016
齿向公差	F_β	0.015
径向跳动公差	F_r	0.030
公法线长度及其极限偏差	W_n =32.341$^{-0.082}_{-0.154}$	

图 7-18　小齿轮零件图

实践与思考

1. 对齿轮传动有哪些使用要求？对不同用途的齿轮传动，这些使用要求有何侧重点？

2. 齿轮传动的四项基本要求是什么？

3. 对滚切加工的齿轮，在用单项指标来评定传递运动准确性时，为何要同时检验径向跳动 $\triangle F$ 与公法线长度变动 $\triangle F_W$？对同一批齿轮来说，这两项指标是否都需要逐个检验？当其中有一项指标不合格时，该齿轮是否肯定不合格？应如何处理？

4. 齿形误差 $\triangle f_f$ 和基节偏差 $\triangle$ 对齿轮传动平稳性的影响有何区别？

5. 齿轮副的传动误差和安装误差有哪些项目？

6. 影响齿轮副载荷分布均匀性的因素有哪些？

7. 齿坯公差包括哪些项目？齿坯误差对齿轮加工有什么影响？

8. 某通用减速器中有一带孔的直齿圆柱齿轮。已知：模数 $m=3mm$，齿数 $z=32$，齿宽 $b=20mm$，齿形角 $a = 200$，孔径 $D = 40mm$，传递最大功率 $P = 5kW$，转速 $n=r/min$，中心距 $a=288mm$，齿轮材料为 45 号钢，其线胀系数为 11.5×10^{-6}，箱体材料为 HT200，其线胀系数为 10.5×10^{-6}，齿轮工作温度为 $600℃$，减速器箱体工作温度为 $400℃$，小批量生产。试确定齿轮的精度等级、检验项目、有关侧隙的指标、齿坯公差和表面粗糙度，并绘制工作图。

第 8 章　圆锥结合的互换性与检测

8.1　概述

圆锥结合常用在需要自动定心、配合自锁性要求高、间隙及过盈可以自动调节等场合，所以它是机械和仪表中常用的典型结构。

圆锥结合（见图 8-1）广泛用于机器结构中，具有重要的作用。与圆柱配合相比，圆锥结合具有以下特点：

（1）对中性好，即易保证配合的同轴度要求，经多次拆装仍不降低同轴度；

（2）密闭性好；

（3）间隙和过盈可以调整，能补偿磨损，可以利用摩擦力自锁来传递扭矩；

（4）结构复杂，加工和检验都比较困难，不适合于孔、轴轴向相对位置要求高的场合。

目前，圆锥结合已在机床、工具、船舶、重型机械、通用机械、机车车辆、医疗器械、纺织机械，以及液压元件、电机、电子元件中得到广泛的应用。

圆锥表面是指与轴线成一定角度、一端相交于轴线的一条直线段（即母线）围绕着轴线旋转形成的圆锥表面。

圆锥是由外部表面与一定尺寸（圆锥角、圆锥直径、圆锥长度、锥度等）所限定的几何体。外圆锥是外部表面为圆锥表面的几何体，内圆锥是内部表面为圆锥表面的几何体。

圆锥结合的基本参数如图 8-2 所示。

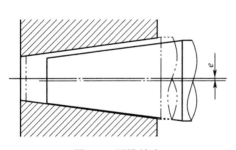

图 8-1　圆锥结合

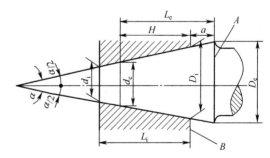

图 8-2　圆锥结合及配合基本参数

（1）圆锥直径。

圆锥直径是指圆锥在垂直于轴线截面上的直径。常用的圆锥直径有最大圆锥直径 D（内圆锥 D_i、外圆锥 D_e）、最小圆锥直径 d（内圆锥 d_i、外圆锥 d_e）、给定截面圆锥直径 d_x。

（2）圆锥长度 L。

圆锥长度是指最大圆锥直径 D 截面与最小圆锥直径 d 截面之间的轴向距离。内圆锥长度为 L_i，外圆锥长度为 L_e。

（3）圆锥结合长度 H。

圆锥结合长度是指内外圆锥配合时结合部分的轴向长度。

（4）圆锥角 a。

圆锥角简称锥角，是指在通过圆锥轴线的截面内两条素线间的夹角；$a/2$ 称为圆锥半角，也称斜角或圆锥素线角。

（5）锥度 C。

锥度是指两个垂直于圆锥线截面的圆锥直径之差与该两截面的轴向距离之比。例如，最大圆锥直径 D 与最小圆锥直径 d 之差与圆锥长度 L 之比，可表示为

$$C = \frac{D-d}{L}$$

由此，锥度 C 与圆锥角 a 的关系为

$$C = 2\tan\frac{a}{2} = 1 : \frac{1}{2}\cot\frac{a}{2}$$

锥度关系式反映了圆锥直径、圆锥长度、圆锥角和锥度之间的相互关系，是圆锥的基本公式。锥度一般用比例或分数形式表示，例如，$C=1{:}20$ 或 $C=1/20$。

为了满足生产需要，国家标准 GB/T 157-2001《锥度与角度系列》规定了一般用途锥度与锥角系列，见表 8-1。特殊用途的锥度与锥角系列见表 8-2，它们只适用于光滑圆锥。

表 8-1　一般用途锥度与锥角系列（摘自 GB/T 157-2001）

基本值		推算值		
系列 1	系列 2	圆锥角 a		锥度 C
120°				1：0.288675
90°				1，0.500000
	75°			1：0.651613
60°				1，0.866025
45°				1：1.207107
30°				1：1.866025
1:3		18°55′28.7″	18.924644°	
	1:4	14°15′0.1″	14.250033°	
1:5		11°25′16.3″	11.421186°	
	1:6	9°31′38.2″	9.527283°	
	1:7	8°10′16.4″	8.171234°	
	1:8	7°9′9.6″	7.152669°	
1:10		5°43′29.3″	5.724810°	
	1:12	4°46′18.8″	4.771888°	
	1:15	3°49′5.9″	3.818305°	
1:20		2°51′51.1″	2.864192°	
1:30		1°54′34.9″	1.909682°	
	1:40	1°25′56.8″	1.432222°	
1:50		1°8′45.2″	1.145877°	
1:100		0°34′22.6″	0.572953°	
1:200		0°17′11.3″	0.286478°	
1:500		0°6′52.5″	0.114591°	

表 8-2　特殊用途锥度与锥角系列（摘自 GB/T 157-2001）

基本值	推算值		备注
	圆锥角 a	锥度 C	
18°30'		1：3.070115	⎫
11°54'		1：4.797451	⎪ 纺织机械
8°40'		1：6.598442	⎬
7°40'		1：7.462208	⎭
7:24	16°35'39.4"	16.59429°	1：3.428571　机床主轴，工具配合
1:9	6°21'34.8"	6.359660°	电池接头
1:16.666	3°26'12.2"	3.436716°	医疗设备
1:12.262	4°40'11.6"	4.669884°	贾各锥度 No. 2
1:12.972	4°24'58.1"	4.414746°	No. 1
1:15.748	3°38'13.4"	3.637060°	No. 33
1:18.779	3°3'1.0"	3.050200°	No. 3
1:19.264	2°58'24.8"	2.973556°	No. 6
1:20.288	2°49'24.7"	2.823537°	No.0
1:19.002	3°0'52.4"	3.014543°	莫氏锥度 No.5
1:19.180	2°59'11.7"	2.986582°	No.6
1:19.212	2°58'53.8"	2.981618°	No.0
1:19.254	2°58'30.6"	2.975179°	No.4
1:19.922	2°52'31.5"	2.875406°	No.3
1:20.020	2°51'41.0"	2.861377°	No.2
1:20.047	2°51'26.7"	2.857417°	No.1

（6）轴向位移 E_a。

轴向位移是指相互结合的内、外圆锥从实际初始位置 P_a 到终止位置 P_f 移动的轴向距离，如图 8-3 所示。实际初始位置 P_a 就是相互结合的内、外实际圆锥在不受力的条件下相互接触时的轴向位置；终止位置就是相互结合的内、外圆锥为了得到所要求的间隙或过盈而规定的相互轴向位置。

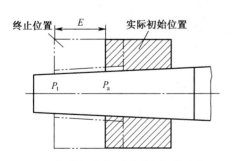

（a）由轴向位移形成圆锥间隙配合

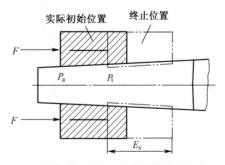

（b）施加装配力 F 形成圆锥过盈配合

图 8-3　用轴向位置实现配合

（7）基面距 a。

基面距是指相互结合的内圆锥基准平面（通常是端面）与外圆锥基面（通常是台肩端面）之间的距离，用来确定内、外圆锥的轴向相对位置。

基面距的位置取决于所选的圆锥结合的基本直径，一般选用内圆锥的最大直径或外圆锥的最小直径作为基本直径。若以内圆锥的最大直径为基本直径，则基面距的位置在大端，若以外圆锥的最小直径作为基本直径，则基面距的位置在小端，如图 8-4 所示。

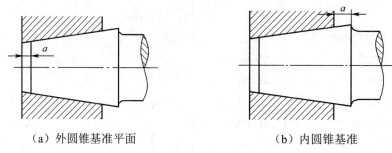

（a）外圆锥基准平面　　　　　　　　　　　（b）内圆锥基准

图 8-4　圆锥结合基面距的位置

8.2　圆锥各参数误差对互换性的影响

在圆锥结合中，除应保证内、外圆锥面的接触均匀外，还应保证基面距的变动在一定范围内。否则，基面距过大，会减少结合长度；基面距过小，会使补偿磨损的轴向调节范围减小，从而影响圆锥结合的使用性能。圆锥直径、圆锥角等参数均对基面距有一定影响。

8.2.1　圆锥直径偏差对基面距的影响

以内锥大端直径 D_i 为基本直径，则基面距位于大端。设内、外圆锥均无斜角误差，仅有直径误差。内、外圆锥直径极限偏差分别为 ΔD_i 和 ΔD_e，当 $\Delta D_e > \Delta D_i$ 时，基面距增大，即 Δa 为正，基面距减少，如图 8-5（a）所示；反之，Δa 为负，基面距增加，如图 8-5（b）所示。

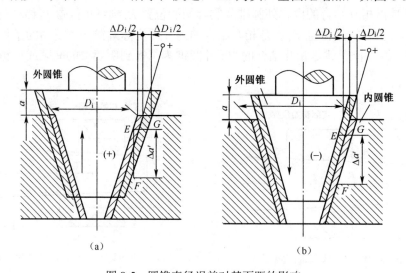

图 8-5　圆锥直径误差对基面距的影响

经过计算，可以得到基面距增量计算公式为

$$\Delta a' = \frac{1}{C}(\Delta D_e - \Delta D_i)$$

8.2.2　圆锥斜角误差对基面距的影响

设以内圆锥大端直径为基本直径，且内、外圆锥大端均无误差，但有斜度误差。

当内圆锥斜度大于外锥斜角，即 $\Delta ai/2 < \Delta a_e/2$ 时，则内、外圆锥将在大端接触，引起的基面距变化很小，可忽略不计，如图 8-6（a）所示。

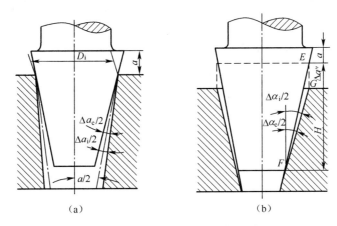

图 8-6　圆锥斜角对基面距的影响

但内、外圆锥在大端接触面积小，将使磨损加剧，且可能导致内外锥相对偏斜，影响使用性能。

在实际工作中，圆锥结合的直径偏差和斜角偏差同时存在，故在 $\Delta a_i/2 > \Delta a_e/2$ 时，基面距的最大可能变动量为 $\Delta a''$，内、外圆锥在小端接触，不但影响均匀性，也影响位移性圆锥配合的基面距，如图 8-6（b）所示。

8.2.3　圆锥形状误差对回锥结合的影响

圆锥的形状误差主要是指圆锥母线直线度误差和圆锥的圆度误差，它们对基面距的影响很小，主要影响圆锥结合的接触精度。

综上所述，圆锥的直径偏差、斜角偏差、形状误差等都将影响其结合性能，因此，对这些参数应规定公差。

8.3　圆锥公差与配合

8.3.1　圆锥公差

国家标准 GB/T 11334-2005《圆锥公差》规定了以下四项公差，适合于圆锥体锥度 1:3～1:500、圆锥长度 L 为 6～630mm 的光滑圆锥工作。

1. **圆锥直径公差**

圆锥直径公差 T_D 是指圆锥任何一个径向截面上允许的最大和最小直径之差，如图 8-7 所示。在圆锥的任意轴向截面内，最大圆锥直径与最小圆锥直径之差都是相等的，所以在圆锥轴向截面内，两个极限圆锥所限定的区域就是圆锥的公差带 Z。为了统一和简化，圆锥直径公差 T_D 以圆锥大端直径作为基本尺寸，查阅圆柱体公差 IT 值，并可用于圆锥体全部长度上。

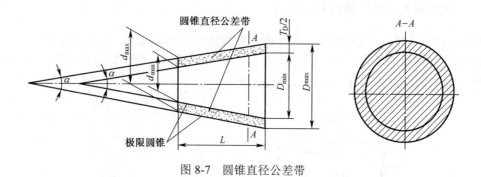

图 8-7　圆锥直径公差带

圆锥直径公差配合的标注方法与圆柱配合的标注方法相同。

2. 给定截面圆锥直径公差

给定截面圆锥直径公差 T_{DS} 是指在垂直圆锥轴线的给定截面内圆锥直径的允许变动量，其公差带为在给定的圆锥截面内两个同心圆所限定的区域，如图 8-8 所示。T_{DS} 公差带限定的是平面区域，T_D 限定的是空间区域，二者不同。

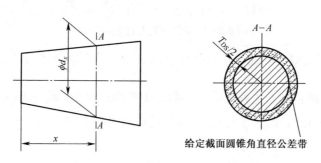

给定截面圆锥角直径公差带

图 8-8　给定截面圆锥直径公差带图

给定截面圆锥直径公差以给定截面圆锥直径 ϕd 为基本尺寸，可按 GB/T 1800-2008 规定的标准公差选取。一般情况下，也不规定给定截面圆锥直径公差，只有对圆锥工作有特殊需要（如阀类零件，在圆锥配合的给定截面要求接触良好，以保证良好的密封性）时，才规定此项公差。但是，还必须同时规定圆锥角公差，它们之间的关系如图 8-9 所示。由图可知，给定截面圆锥直径公差 T_{DS} 不能控制圆锥角误差 $\triangle AT$，两者无关，故应分别满足要求。也就是说，这种方法要求给定截面圆锥直径实际偏差分别控制在各自的极限偏差范围内。

3. 圆锥角公差

圆锥角公差 AT 是指圆锥角允许的变动量，即最大圆锥角与最小圆锥角之差，如图 8-10 所示。由图可知，在圆锥轴向截面内，由最大和最小极限圆锥所限定的区域称圆锥角公差带。

圆锥角 AT 共分 12 个公差等级，分别用代号 AT 1，AT 2，…，AT 12 表示。

其中，AT 1 最高，等级依次降低，AT 12 最低。若需要更高或更低的圆锥角公差，则按公比 1.6 向两端延伸。更高等级用 AT0，AT01，…表示，更低等级用 AT 13，AT 14，…表示。GB/T 11334-2005 规定的圆锥角公差见表 8-30。

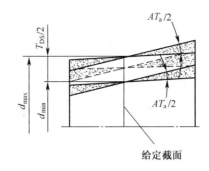

图 8-9　给定截面圆锥直径公差和圆锥角公差的独关系

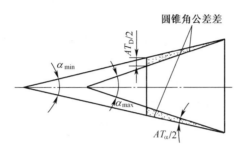

图 8-10　圆锥角公差

表 8-3　园锥角公差（摘自 GB/T 11334-2005)

基本圆锥长度 L /mm	AT5			AT6			AT7		
	AT_a		AT_D	AT_a		AT_D	AT_a		AT_D
	μrad	″	μm	μrad	″	μm	μrad	′ ″	μm
>25～40	160	33″	>4.0～6.3	250	52″	>6.3～10.0	400	1′22″	>10.0～16.0
>40～63	125	26″	>5.0～8.0	200	41″	>8.0～12.5	315	1′05″	>12.5～20.0
>63～100	100	21″	>6.3～10.0	160	33″	>10.0～16.0	250	52″	>16.0～25.0
>100～160	80	16″	>8.0～12.5	125	26″	>12.5～20.0	200	4″	>20.0～32.0
>160～250	63	13″	>10.0～16.0	100	21″	>16.0～25.0	160	33″	>25 0～40.0

基本圆锥长度 L /mm	AT8			AT9			AT10		
	AT_a		AT_D	AT_a		AT_D	AT_a		AT_D
	μrad	′ ″	μm	μrad	′ ″	μm	μrad	′ ″	μm
>25～40	630	2′10″	>16.0～20.5	1000	3′26″	>25～40	1600	5′30″	>40～63
>40～63	500	1′43″	>20.0～32.0	800	2′45″	>32～50	1250	4′18″	>50～80
>63～100	400	1′22″	>25.0～40.0	630	2′10″	>40～63	1000	3′26″	>63～100
>100～160	315	1′05″	>32.0～50.0	500	1′43″	>50～80	800	2′45″	>80～125
>160～250	250	52″	>40.0～63.0	400	1′22″	>63～100	630	2′10″	>100～600

注：（1）lμrad 等于半径为 lm，弧长为 1μm 所对应的圆心角；5rad≈l″，300μrad≈1′。

　　（2）查表示例 1：L 为 63mm，选用 AT7，查表得 AT_a 为 315μrad 或 1′05″，则 AT_D 为 20μm；

　　查表示例 2：L 为 50mm，选用 AT7，查表得 AT_a 为 315μrad 或 1′05″，则 $AT_D = AT_a \times L \times 10^{-3}$

=315×50×10^{-3} =15.75μm，取 AT_D 为 15.8μm。

为便于加工和检验,圆锥角可用下列两种形式表示:

(1)AT_a:以角度单位微弧度(μrad)或分(′)或(″)表示的公差值。由于工艺上的作用,AT_a 值与圆锥直径无关,而与圆锥直径长度有关,对于同一公差等级,L 越长,则圆锥角精度越容易保证,故 AT_a 值就规定得越小。

(2)AT_D:以长度单位(μm)表示的公差值,表 8-3 中仅给出了圆锥长度 L 的尺寸分段的首、尾值相对的范围值。

AT_a 与 AT_D 的换算关系为

$$AT_a = AT_D \times L \times 10^{-3}$$

式中,AT_a,AT_D 和 L 的单位分别为 μm、μrad 和 mm。当圆锥长度 L 处于尺寸分段内的某一尺寸时,相应的 AT_D 值按上式计算。

$AT\,4 \sim AT\,12$ 的应用举例如下:$AT\,4 \sim AT\,6$ 用于高精度的圆锥量规和角度样板;$AT\,7$ 用于工具圆锥、圆锥锁、传递大转矩的摩擦圆锥;$AT\,10 \sim AT\,11$ 用于圆锥套、圆锥齿轮之类中等精度零件;$AT\,12$ 用于低精度零件。

圆锥角的极限偏差可以按单向取值或双向(对称)取值,见图 8-11。为了保证内圆锥与外圆锥的均匀性,圆锥角公差带通常采用对称分布,如图 8-11(b)所示。

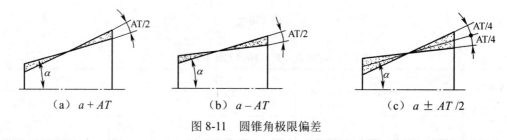

(a) $a + AT$　　　　(b) $a - AT$　　　　(c) $a \pm AT/2$

图 8-11　圆锥角极限偏差

在一般情况下,不必单独规定圆锥角公差,而是将实际圆锥角控制在圆锥直径公差带以内,此时圆锥角 a_{min} 和 a_{max} 是圆锥直径公差内可能产生的极限圆锥角,如图 8-12 所示。

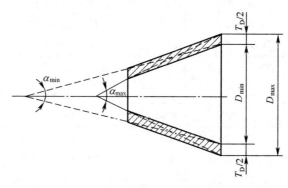

图 8-12　直径公差带内的极限圆锥角差加以控制

表 8-4 列出了圆锥长度 L 为 100mm 时圆锥直径公差 AT_D 所能限制的最大圆锥角误差 Δa_{max}。因此,圆锥角公差有更高的要求时(如圆锥量规),除规定其直径公差 AT_D 外,T_F 还应给出圆锥角公差。

4. 圆锥的形状公差

圆锥的形状公差 T_F 包括素线直线度公差(公差带是给定截面上距离为公差值 T_F 两条平行

直线间的区域）和截面圆度公差（公差带是半径差为公差值 T_F 同心圆的区域），数．值可按 GB/T 1184-1996 选取。对于要求不高的圆锥工作，其形状误差一般也用直径公

表 8-4　圆锥长度 100mm、有圆锥直径公差及限定的最大圆锥角
偏差 Δa_{max} （摘自 GB/T 11334-2005）　　　　　　　μrad

标准公差等级	圆锥直径/mm												
	≤3	>3 ~5	>6 ~10	>10 ~18	>18 ~30	>30 ~50	>50 ~80	>80 ~120	>120 ~180	>180 ~250	>250 ~315	>315 ~400	>400 ~500
IT4	30	40	40	50	60	70	80	100	120	140	160	180	200
IT5	40	50	60	80	90	110	130	150	180	200	230	250	270
IT6	60	80	80	110	130	160	190	220	250	290	320	360	400
IT7	100	120	150	180	210	250	300	350	400	460	520	570	630
IT8	140	180	220	270	330	390	460	540	630	720	810	890	970
IT9	250	300	360	430	520	620	740	870	1000	1150	1300	1400	1550
IT10	400	480	580	700	840	1000	1200	1400	1600	1850	2100	2300	2500

必须指出，对于一个具体的圆锥，应根据功能要求规定需要的公差项目，不必给出上述所有 4 个公差项目。

按 GB/T 11334-2005 规定，圆锥公差的给定方法有以下两种：

（1）给出圆锥的理论正确圆锥角（或锥度）和圆锥直径公差。该法是用圆锥直径公差确定两个极限圆锥。将圆锥角误差和圆锥的形状误差均控制在公差带内，这相当于包容原则。按这种方法给定圆锥公差时，应标注圆锥直径的极限偏差，如图 8-13（a）所示。

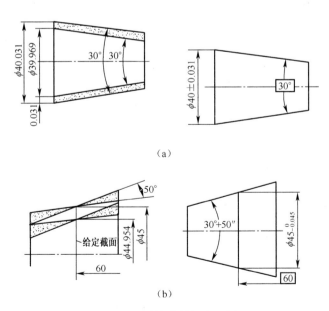

（a）

（b）

图 8-13　圆锥公差标注示例

当对圆锥角精度、圆锥的形状精度有更高的要求时，应另外给出圆锥角公差 AT 和圆锥的形状公差。此时，AT 和 T_F 只能占圆锥直径公差的一部分。

（2）给出定截面圆锥直径公差和圆锥角公差。这种方法是假定圆锥素线为理想直线的情况下给出给定截面圆锥直径公差 T_{DS} 和圆锥角公差 AT，它们各自独立，应分别满足要求，和 T_{DS} 的关系如图 8-9 所示。标注如图 8-13（b）所示。

8.3.2　圆锥配合

圆锥配合是指基本圆锥相同的内、外圆锥直径之间由于结合不同所形成的相互关系。对配合起作用的是垂直于圆锥表面方向上的间隙（或过盈），但前者与后者在数值上差异极小，实际应用中可忽略不计。因此，圆锥配合的配合特征可认为是由垂直于圆锥轴线的间隙或过盈来确定的。

1. 圆锥配合的种类

根据内、外圆锥直径之间结合的不同，圆锥配合分为以下三种。

（1）间隙配合。

这种配合有间隙，而且在装配和使用过程中，其间隙非常便于调整，如车床主轴圆锥轴颈与圆锥轴承衬套的配合。

（2）过盈配合。

这种配合具有过盈，自锁性好，用以传递力矩，如钻头或铣刀的锥柄与主轴连接衬套锥孔的配合。

（3）过渡配合。

这是一种可能具有间隙或过盈的配合。圆锥结合一般不采用有间隙的过渡配合。要求内、外圆锥连接紧密，沿圆锥直径方向的间隙为零或稍有过盈的配合，称为紧密配合。紧密配合具有良好的密封性，可以防止漏水或者漏气，如内燃机中气阀座的配合。为了使配合圆锥面接触紧密，通常要将内、外圆锥面成对进行研磨，因此，这种配合的零件一般没有互换性。

2. GB/T 12360-2005《圆锥配合》简介

（1）圆锥配合的形成。

因为圆锥配合的特征是通过相互结合的内、外圆锥规定的轴向位置来形成间隙或过盈，所以根据确定内、外圆锥轴向相互位置的不同方法，圆锥配合的形成方式可分为以下四种。

1）由内、外圆锥的结构确定装配的最终位置而形成配合。这种方式可以得到间隙配合、过渡配合和过盈配合。图 8-14 为轴肩接触得到间隙配合的示例。

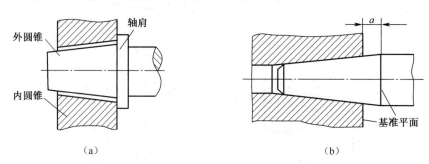

图 8-14　由结构形成圆锥间隙配合

2）由内、外圆锥基准平面之间的尺寸确定装配的最终位置而形成配合。这种方式也可以得到间隙配合、过渡配合和过盈配合。图 8-3 所示为由基面距 a 得到过盈配合的示例。

3）由内、外圆锥实际的初始位置 P_a 开始，作一定的相对轴向位移 E_a 而形成的配合。这种方式可以得到间隙配合和过盈配合。图 8-4（a）为形成间隙配合的示例。

4）由内、外圆锥实际的初始位置 P_a 开始，施加一定的装配力 F 产生轴向位移而形成配合。这种方式只能得到过盈配合，如图 8-4（b）所示。

（2）圆锥配合的一般规定。

1）对结构型圆锥配合，国家标准推荐优先采用基孔制，内、外圆锥公差带及配合从 GB/T 1800.2-2008 中选取符合要求的公差带和配合种类。如果 GB/T 1800.2-2008 规定的常用配合不能满足要求，还可按 GB/T 1800.1-2008 规定的基本偏差和标准公差组成所需要的配合。

2）对位移型圆锥配合，内圆锥直径公差带的基本偏差推荐选用 H 和 Js，外圆锥直径公差的基本偏差推荐选用 h 和 js。其轴向位移极限值按 GB/T 1800.2-2008 规定的配合极限间隙或极限过盈来计算。

最小轴向位移 $E_{a,min}$、最大轴向位移 $E_{a,max}$、轴向位移公差 T_E 的计算公式如下：

$$E_{a,min} = \frac{Y_{min}}{C}$$

对于过盈配合

$$T_E = E_{a,max} - E_{a,min} = \frac{Y_{max} - Y_{min}}{C}$$

对于间隙配合

$$E_{a,min} = \frac{X_{min}}{C}$$

$$E_{a,max} = \frac{X_{max}}{C}$$

$$T_E = E_{a,max} - E_{a,min} = \frac{X_{max} - X_{min}}{C}$$

式中　C ——锥度；

X_{max} ——配合的最大间隙量；

X_{min} ——配合的最小间隙量；

Y_{max} ——配合的最大过盈量；

Y_{min} ——配合的最大过盈量。

3．圆锥结合的使用要求

圆锥结合的使用要求主要有以下三个方面：

（1）在圆锥结合长度 H 范围内，内、外圆锥面接触应均匀。影响接触均匀性的主要因素有：内、外圆锥的锥角偏差，母线的直线度误差、圆度误差。

（2）基面距的变动应在允许范围内。基面距过大，则使结合长度 H 值减小，影响圆锥结合的使用性能；基面距过小，则使补偿磨损的轴向调节范围减小。影响基面距的主要因素有内、外圆锥的直径偏差和圆锥斜角偏差。

（3）圆锥配合的使用范围：锥度 C 为 1:3～1:500；长度 L 为 6～630mm；直径 D 为 0～500mm。

8.4　锥度的检测

对大批量生产的圆锥零件，可采用圆锥量规作检测工具。对小批量或单件生产的圆锥零件及圆锥量规，可在下弦尺或工具显微镜等仪器上进行直接检测，也可借助钢球、量块等辅助工具进行间接测量。

8.4.1　直接测量法

直接测量法测量锥度是指用万能角度尺、光学测角仪等计量器具测量实际圆锥角的量值，然后根据锥度与圆锥角的关系求解锥度。

8.4.2　间接测量法

间接测量法测量锥度是指通过测量与被测圆锥角有关的线值尺寸，计算出被测圆锥角或锥度的量值。常用计量器具有正弦尺、滚柱、钢球等。

1. 内圆锥的测量

图 8-15 为利用钢球测量内圆锥角的示例，将直径分别为 D_0 和 d_0 的两个钢球先后放入被测零件的内圆锥面，以被测零件的大头端面作为测量基准面，分别测出钢球顶点到该基准面的距离 H 和 h，按下式求解内圆锥半角 $a/2$ 的量值

$$\sin\frac{a}{2} = \frac{D_0 - d_0}{2H - 2h - D_0 - d_0}$$

根据 $\sin(a/2)$ 的值，可计算出圆锥角及锥度的量值。

2. 外圆锥的测量

如图 8-16 所示，可用两个半径为 R 的圆柱，先在小端测出尺寸 N，然后用高度 H 的量块垫高，再测出尺寸 M，则由 $\triangle ABC$ 可得

$$\tan\frac{a}{2} = \frac{M - N}{2H}$$

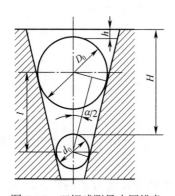

图 8-15　双钢球测量内圆锥角

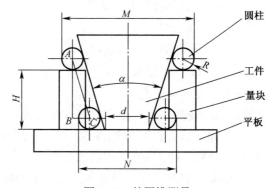

图 8-16　外圆锥测量

8.4.3　量规检测法

实际内、外圆锥的锥度可分别用圆锥量规检验。被测内圆锥用圆锥塞规检验如图 8-17（a）所示，被测外圆规用圆锥环规检验如图 8-17（b）所示。

检验锥度时，先在量规圆锥面素线的全长上涂 3～4 条极薄的显示剂，然后将量规与被测圆锥对研（来回旋转角应小于180°）。根据被测圆锥上的着色或量规上擦掉的痕迹，来判断被测锥度或圆锥角是否合格。

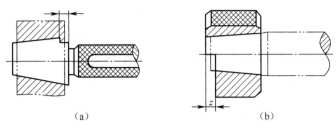

图 8-17　圆锥量规

此外，在量规的基准端部刻有两条刻线（或小台阶），它们之间的距离为 m，用以检验实际圆锥的直径偏差、圆锥角偏差和圆锥形状误差的综合结果。若被测圆锥的基准平面位于量规的这两条线之间，则表示合格。

实践与思考

1．有一外圆锥，锥度为 1:20，圆锥最大直径 100mm，圆锥长度为 200mm。试确定圆锥角和圆锥最小直径。

2．有一外圆锥，最大圆锥直径 D 为 200mm，圆锥长度 L 为 400mm，圆锥直径公差 T_D 取为 IT9。求 T_D 所能限制的最大圆锥角误差 Δa_{max}。

3．已知相互结合的内、外圆锥的锥度为 1:50，基本圆锥直径为 100mm，要求装配后得到 H8/u7 的配合性质。试计算所需要的轴向位移和轴向位移公差。

4．用圆锥量规检验内、外圆锥时，如何根据接触斑点的分布情况判断圆锥角偏差的方向？

第9章 尺寸链

9.1 概述

机械零件无论在设计或制造中，一个重要的问题就是如何保证产品的质量。也就是说，设计一部机器，除了要正确选择材料，进行强度、刚度、运动精度计算外，还必须进行几何精度计算，合理地确定机器零件的尺寸、几何形状和相互位置公差，在满足产品设计预定技术要求的前提下，能使零件、机器获得既经济又顺利的加工和装配。为此，需对设计图样上要素与要素之间、零件与零件之间有尺寸和位置关系要求，且能对构成首尾衔接、形成封闭形式的尺寸组加以分析，研究它们之间的变化。计算各个尺寸的极限偏差及公差，以便选择保证达到产品规定公差要求的设计方案与经济的工艺方法。

9.1.1 尺寸链的含义及其特性

在一个零件或一台机器的结构中，总有一些相互联系的尺寸，这些相互联系的尺寸按一定顺序连接成一个封闭的尺寸组，称为尺寸链。

如图 9-1（a）所示的间隙配合，就是一个由孔、轴直径和间隙三个尺寸形成的最简单的尺寸链。间隙大小受孔径和轴径变化的影响。

图 9-1（b）是由阶梯轴的三个台阶长度和总长形成的尺寸链。

图 9-1（c）所示，零件在加工过程中，以 B 面为定位基准获得尺寸 A_1、A_2，A 面到 C 面的距离 A_0 也就随之确定，尺寸 A_1、A_2 和 A_0 构成一个封闭尺寸组，形成尺寸链。

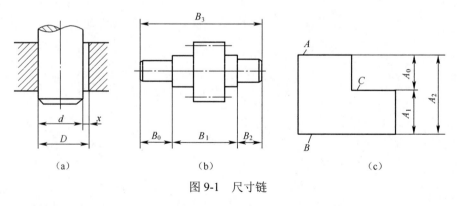

图 9-1　尺寸链

综上所述可知，尺寸链具有如下两个特性：

（1）封闭性：组成尺寸链的各个尺寸按一定顺序构成一个封闭系统。

（2）相关性：其中一个尺寸变动将影响其他尺寸变动。

9.1.2 尺寸链的组成

构成尺寸链的各个尺寸称为环。尺寸链的环分为封闭环和组成环。

（1）封闭环。加工或装配过程中最后自然形成的那个尺寸。如图 9-1 中的 x、B_0 和 A_0。

（2）组成环。尺寸链中除封闭环以外的其他环。根据它们对封闭环影响的不同，又分为增环和减环。与封闭环同向变动的组成环称为增环，即当该组成环尺寸增大（或减小）而其他组成环不变时，封闭环也随之增大（或减小），如图 9-1（a）中的 D；与封闭环反向变动的组成环称为减环，即当该组成环尺寸增大（或减小）而其他组成环不变时，封闭环的尺寸却随之减小（或增大），如图 9-1（a）中的 d。

9.1.3　尺寸链的分类

1. 按应用场合分

（1）装配尺寸链。全部组成环为不同零件设计尺寸所形成的尺寸链（见图 9-1（a））。

（2）零件尺寸链。全部组成环为同一零件的设计尺寸所形成的尺寸链（见图 9-l（b））。

装配尺寸链和零件尺寸链统称为设计尺寸链。

（3）工艺尺寸链。全部组成环为同一零件工艺尺寸所形成的尺寸链（见图 9-1（c））。

2. 按各环所在空间位置分

（1）直线尺寸链。全部组成环都平行于封闭环的尺寸链（见图 9-1）。

（2）平面尺寸链。全部组成环位于一个或几个平行平面内，但某些组成环不平行于封闭环（见图 9-2）。

（3）空间尺寸链。组成环位于几个不平行的平面内。

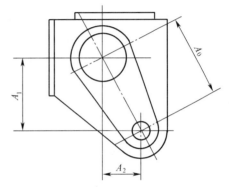

图 9-2　平面尺寸链

尺寸链中常见的是直线尺寸链。平面尺寸链和空间尺寸链可以用坐标投影法转换为直线尺寸链。

3. 按各环尺寸的几何特性分

（1）长度尺寸链。链中各环均为长度尺寸（见图 9-1、图 9-2）。

（2）角度尺寸链。链中各环为角度尺寸（见图 9-3）。

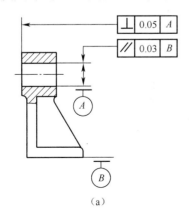 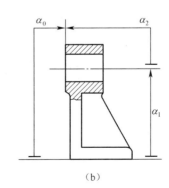

（a）　　　　　　　　　　　　　　　（b）

图 9-3　角度尺寸链

角度尺寸链常用于分析和计算机械结构中有关零件要素的位置精度，如平行度、垂直度和同轴度等。

本章重点讨论长度尺寸链中的直线尺寸链、装配尺寸链。

9.2　尺寸链的确立与分析

9.2.1　确定封闭环

建立尺寸链，首先要正确地确定封闭环。

装配尺寸链的封闭环是在装配之后形成的，往往是机器上有装配精度要求的尺寸，如保证机器可靠工作的相对位置尺寸或保证零件相对运动的间隙等。在着手建立尺寸链之前，必须查明在机器装配和验收的技术要求中规定的所有几何精度要求项目，这些项目往往就是某些尺寸链的封闭环。

零件尺寸链的封闭环应为公差等级要求最低的环，一般在零件图上不进行标注，以免引起加工中的混乱。例如，图 9-1（b）中尺寸 B 是不标注的。

工艺尺寸链的封闭环是在加工中最后自然形成的环，一般为被加工零件要求达到的设计尺寸或工艺过程中需要的余量尺寸。加工顺序不同，封闭环也不同。所以，工艺尺寸链的封闭环必须在加工顺序确定之后才能判断。

一个尺寸链中只有一个封闭环。

9.2.2　查找组成环

组成环是对封闭环有直接影响的那些尺寸，与此无关的尺寸要排除在外。一个尺寸链的环数应尽量少。

查找装配尺寸链的组成环时，先从封闭环的任意一端开始，找相邻零件的尺寸，然后再找与第一个零件相邻的第二个零件的尺寸，这样一环接一环，直到封闭环的另一端为止，从而形成封闭的尺寸组。

如图 9-4（a）所示的车床主轴轴线与尾架轴线高度差的允许值 A_0 是装配技术要求，为封闭环。组成环可从尾架顶尖开始查找，尾架顶尖轴线到底面的高度 A_1、与床面相连的底板的厚度 A_2、床面到主轴轴线的距离 A_3，最后回到封闭环。A_1、A_2 和 A_3 均为组成环。

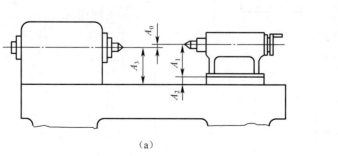
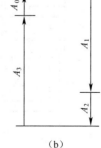

(a)　　　　　　　　　　　　　　(b)

图 9-4　车床顶尖高度尺寸链

一个尺寸链中最少要有两个组成环。组成环中可能只有增环没有减环，但不可能只有减环没有增环。

在封闭环有较高技术要求或形位误差较大的情况下，建立尺寸链时，还要考虑形位误差对封闭环的影响。

9.2.3　画尺寸链线图

为清楚表达尺寸链的组成，通常不需要画出零件或部件的具体结构，也不必按照严格的比例，只需将链中各尺寸依次画出，形成封闭的图形即可，这样的图形称为尺寸链线图，如图 9-4（b）所示。在尺寸链线图中，常用带单箭头的线段表示各环，箭头仅表示查找尺寸链组成环的方向。与封闭环箭头方向相同的环为减环，与封闭环箭头方向相反的环为增环。图 9-4（b）中，A_3 为减环，A_1 和 A_2 为增环。

9.2.4　分析计算尺寸链的任务和方法

1. 任务

分析和计算尺寸链是为了正确合理地确定尺寸链中各环的尺寸和精度，主要解决以下三类任务：

（1）正计算已知各组成环的极限尺寸，求封闭环的极限尺寸。这类计算主要用来验算设计的正确性，故又叫校核计算。

（2）反计算已知封闭环的极限尺寸和各组成环的基本尺寸，求各组成环的极限偏差。这类计算主要用在设计上，即根据机器的使用要求来分配各零件的公差。

（3）中间计算已知封闭环和部分组成环的极限尺寸，求某一组成环的极限尺寸。这类计算常用在工艺上。

反计算和中间计算通常称为设计计算。

2. 方法

（1）完全互换法（极值法）。

从尺寸链各环的最大与最小极限尺寸出发进行尺寸链计算，不考虑各环实际尺寸的分布情况。按此法计算出来的尺寸加工各组成环，装配时各组成环不需挑选或辅助加工，装配后即能满足封闭环的公差要求，即可实现完全互换。

完全互换法是尺寸链计算中最基本的方法。

（2）大数互换法（概率法）。

该法是以保证大数互换为出发点的。

生产实践和大量统计资料表明，在大量生产且工艺过程稳定的情况下，各组成环的实际尺寸趋近公差带中间的概率大，出现在极限值的概率小，增环与减环以相反极限值形成封闭环的概率就更小。所以，用极值法解尺寸链，虽然能实现完全互换，但往往是不经济的。

不是采用概率法在全部产品中，而是在绝大多数产品中，装配时不需要挑选或修配，就能满足封闭环的公差要求，即保证大数互换。

按大数互换法，在相同封闭环公差条件下，可使组成环的公差扩大，从而获得良好的技术经济效益，也比较科学合理，常用在大批量生产的情况。

（3）其他方法。

在某些场合，为了获得更高的装配精度，而生产条件又不允许提高组成环的制造精度时，可采用分组互换法、修配法和调整法等来完成这一任务。

9.3　用完全互换法解尺寸链

9.3.1　基本公式

设尺寸链的组成环数为 m，其中 n 个增环，m-n 个减环，A_0 为封闭环的基本尺寸，A_i 为组成环的基本尺寸，则对于直线尺寸链有如下公式。

（1）封闭环的基本尺寸。

$$A_0 = \sum_{i=1}^{n} A_i - \sum_{i=n+1}^{m} A_i \qquad (9\text{-}1)$$

即封闭环的基本尺寸等于所有增环的基本尺寸之和减去所有减环的基本尺寸之和。

（2）封闭环的极限尺寸。

$$A_{0\,\text{max}} = \sum_{i=1}^{n} A_{i\text{max}} - \sum_{i=n+1}^{m} A_{i\text{min}} \qquad (9\text{-}2)$$

$$A_{0\,\text{min}} = \sum_{i=1}^{n} A_{i\text{min}} - \sum_{i=n+1}^{m} A_{i\text{max}} \qquad (9\text{-}3)$$

即封闭环的最大极限尺寸等于所有增环的最大极限尺寸之和减去所有减环最小极限尺寸之和；封闭环的最小极限尺寸等于所有增环的最小极限尺寸之和减去所有减环的最大极限尺寸之和。

（3）封闭环的极限偏差。

$$\text{ES}_0 = \sum_{i=1}^{n} \text{ES}_i - \sum_{i=n+1}^{m} \text{EI}_i \qquad (9\text{-}4)$$

$$\text{EI}_0 = \sum_{i=1}^{n} \text{EI}_i - \sum_{i=n+1}^{m} \text{ES}_i \qquad (9\text{-}5)$$

即封闭环的上偏差等于所有增环上偏差之和减去所有减环下偏差之和；封闭环的下偏差等于所有增环下偏差之和减去所有减环上偏差之和。

（4）封闭环的公差。

$$T_0 = \sum_{i=1}^{m} T_i \qquad (9\text{-}6)$$

即封闭环的公差等于所有组成环公差之和。

9.3.2　校核计算

校核计算的步骤是：根据装配要求确定封闭环；寻找组成环；画尺寸链线图；判别增环和减环；由各组成环的基本尺寸和极限偏差验算封闭环的基本尺寸和极限偏差。

例 9-1　如图 9-5（a）所示的结构，已知各零件的尺寸：$A_1 = 30_{-0.13}^{0}$ mm，$A_2 = A_5 = 5_{-0.073}^{0}$ mm，$A_3 = 43_{+0.02}^{+0.18}$ mm，$A_4 = 3_{-0.04}^{0}$ mm，设计要求间隙 A_0 为 0.1～0.45mm，试做校核计算。所有组成环公差之和。

解：（1）确定封闭环为要求的间隙 A_0，寻找组成环并画尺寸链线图（图 9-5（b）），判断 A_3 为增环，A_1、A_2、A_4、和 A_5 为减环。

（2）按式（9-1）计算封闭环的基本尺寸

$$A_0 = A_3 - (A_1 + A_2 + A_4 + A_5) = 43\text{mm} - (30 + 5 + 3 + 5)\text{mm} = 0$$

即要求封闭环的尺寸为 $0^{+0.45}_{+0.10}$ mm。

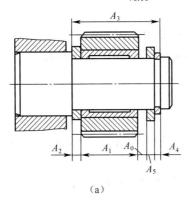

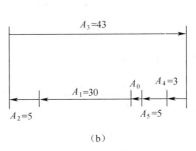

（a）   （b）

图 9-5　齿轮部件尺寸链

（3）按式（9-4）、式（9-5）计算封闭环的极限偏差。

$$ES_0 = ES_3 - (EI_1 + EI_1 + EI_4 + EI_5) = +0.18\text{mm}$$
$$- (-0.13 - 0.075 - 0.04 - 0.075)\text{mm} = +0.50\text{mm}$$
$$EI_0 = EI_0 - (ES_1 + ES_2 + ES_4 + ES_5) = +0.02\text{mm}$$
$$- (0 + 0 + 0 + 0)\text{mm} = +0.02\text{mm}$$

（4）按式（9-6）计算封闭环的公差。

$$T_0 = T_1 + T_2 + T_3 + T_3 + T_4 + T_5 = (0.13 + 0.075 + 0.16 + 0.075 + 0.04)\text{mm} = 0.48\text{mm}$$

校核结果表明，封闭环的上、下偏差及公差均已超过规定范围，必须调整组成环的极限偏差。

例 9-2　如图 9-6（a）所示圆筒，已知外圆 $A_1 = \phi 70^{-0.04}_{-0.12}$ mm，内孔尺寸 $A_2 = \phi 60^{+0.06}_{0}$ mm，内外圆轴线的同轴度公差为 $\phi 0.02$mm，求壁厚 A_0。

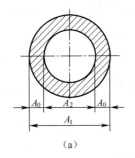

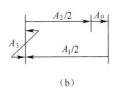

（a）   （b）

图 9-6　圆筒尺寸链

解　（1）确定封闭环、组成环、画尺寸链线图：车外圆和锉内孔后就形成了壁厚，因此，壁厚 A_0 是封闭环。

取半径组成尺寸链，此时，A_1、A_2 的极限尺寸均按半值计算：$A_1/2 = 35^{-0.02}_{-0.06}$ mm，$A_2/2 = 30^{+0.03}_{0}$ mm。

同轴度公差 $\phi 0.02$mm，允许内外圆轴线偏移 0.01mm，可正可负。故以 $A_3 = 0 \pm 0.01$mm 加入尺寸链中，作为增环或减环均可，此处以增环代入。

画尺寸链线图如图 9-6（b）所示，A_1 为增环，A_2 为减环。

（2）求封闭环的基本尺寸。

$$A_0 = A_1/2 + A_3 - A_2/2 = 35\text{mm} + 0 - 30\text{mm} = 5\text{mm}$$

（3）求封闭环的上、下偏差。

$$ES_0 = ES_1 + ES_3 - EI_2 = -0.02\text{mm} + 0.01\text{mm} - 0 = -0.01\text{mm}$$

$$EI_0 = EI_1 + EI_3 - EI_2 = -0.06\text{mm} - 0.01\text{mm} - 0.03\text{mm} = -0.10\text{mm}$$

所以，壁厚 $A_0 = 5_{-0.10}^{-0.01}$ mm。

9.3.3　设计计算

设计计算是根据封闭环的极限尺寸和组成环的基本尺寸确定各组成环的公差和极限偏差，最后再进行校核计算。

在具体分配各组成环的公差时，可采用"等公差法"或"等精度法"。

当各组成环的基本尺寸相差不大时，可将封闭环的公差平均分配给各组成环。如果需要，可在此基础上进行必要的调整。这种方法叫"等公差法"。即

$$T_i = \frac{T_0}{m} \tag{9-7}$$

实际工作中，各组成环的基本尺寸一般相差较大，按"等公差法"分配公差，从加工工艺上讲不合理。为此，可采用"等精度法"。

所谓"等精度法"，就是各组成环公差等级相同，即各环公差等级系数相等，设其值均为 a，则

$$a_1 = a_2 = \cdots = a_m = a \tag{9-8}$$

按 GB/T1800.3-1998 规定，在 IT5～IT18 公差等级内，标准公差的计算式为 $T = a_i$，其中 i 为公差因子，在常用尺寸段内 $i = 0.45\sqrt[3]{D} + 0.001D$，为了应用方便，将公差等级系数 a 的数值和公差因子 i 的数值列于表 9-1 和表 9-2 中。

表 9-1　公差等级系数 a 的数值

公差等级	IT8	IT9	IT10	IT11	IT 12	IT13	IT14	IT15	IT16	IT17	IT18
25		40	64	100	160	250	400	640	1000	1600	2500

表 9-2　公差因子 i 的数值

尺寸段 D /mm	1～3	>3～6	>6～10	>10～18	>18～30	>30～50	>50～80	>80～120	>120～180	>180～250	>250～315	>315～4 的	>400～500
公差单位 i /μm	0.54	0.73	0.90	1.08	1.31	1.56	1.86	2.17	2.52	2.90	3.23	3.54	3.89

由式（9-6）可得

$$a = \frac{T_0}{\sum_{i=1}^{m} i_i} \tag{9-9}$$

计算出 a 后，按标准查取与之相近的公差等级系数，进而查表确定各组成环的公差。

各组成环的极限偏差确定方法是先留一个组成环作为调整环，其余各组成环的极限偏差

按"入体原则"确定，即包容尺寸的基本偏差为 H，被包容尺寸的基本偏差为 h，一般长度尺寸用 js。

进行公差设计计算时，最后必须进行校核，以保证设计的正确性。

例 9-3 如图 9-7（a）所示齿轮箱，根据使用要求，应保证间隙 A_0 在 $1\sim1.75$mm 之间。已知各零件的基本尺寸为（单位为 mm）：$A_1=140$，$A_2=5$，$A_3=101$，$A_4=50$。用"等精度法"求各环的极限偏差。

解：（1）由于间隙 A_0 是装配后得到的，故为封闭环；尺寸链线图如图 9-7（b）所示，其中 A_3、A_4 为增环，A_1、A_2 和 A_5 为减环。

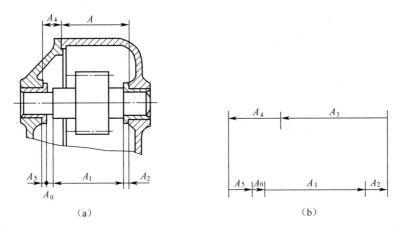

图 9-7 齿轮箱部件尺寸链

（2）计算封闭环的基本尺寸。

$$A_0 = (A_3+A_4) - (A_1+A_2+A_5) = (101+50)\text{mm} - (140+5+5)\text{mm} = 1\text{mm}$$

故封闭环的尺寸为 $1_0^{+0.075}$ mm，$T_0=0.75$mm。

（3）计算各环的公差。

由表 9-2 可查各组成环的公差单位：$i_1=2.52$，$i_2=i_5=0.73$，$i_3=2.17$，$i_4=1.56$。

按式（9-9）得各组成环相同的公差等级系数

$$a = \frac{T_0}{i_1+i_2+i_3+i_4+i_5} = \frac{750\mu\text{m}}{(2.52+0.73+2.17+1.56+0.73)\mu\text{m}} = 97$$

查表 9-1 可知，$a=97$ 在 IT10 级和 IT11 级之间。

根据实际情况，箱体零件尺寸大，难加工，衬套尺寸易控制，故选 A_1、A_3 和 A_4 为 IT11 级，A_2 和 A_5 为 IT10 级。

查标准公差表得组成环的公差：$T_1=0.25$，$T_2=T_5=0.048$，$T_3=0.22$，$T_4=0.16$（单位均为 mm）。

校核封闭环公差

$$T_0 = \sum_{i=1}^{5}T_i = (0.25 + 0.048 + 0.22 + 0.16 + 0.048)\text{mm} = 0.726\text{mm} < 0.75\text{mm}$$

故封闭环为 $1_0^{+0.726}$ mm。

（4）确定各组成环的极限偏差。

根据"入体原则"，由于 A_1、A_2 和 A_5 相当于被包容尺寸，故取其上偏差为零，即 $A_1 = 140_{-0.25}^{0}$ mm，$A_2 = A_5 = 5_{-0.048}^{0}$ mm。A_1、A_2 和 A_5 均为同向平面间距离，留 A_4 作调整环，取 A_3 的

下偏差为零，即 $A_3=101_0^{+0.22}$ mm

　　根据式（9-5）有

$$0=(0+EI_4)-(0+0+0)$$

解得 $EI_4=0$

由于 $T_4=0.16$mm，故 $A_4=50_0^{+0.16}$。

校核封闭环的上偏差

$$ES_0=(ES_3+ES_4)-(EI_1+EI_2+EI_5)=(+0.22+0.16)\ \text{mm}$$
$$-(-0.25-0.048-0.048)\ \text{mm}=+0.726\text{mm}$$

校核结果符合要求。

最后结果为（单位均为 mm）：

$$A_1=140_{-0.25}^{0}，A_2=5_{-0.048}^{0}，A_3=101_0^{+0.22}$$
$$A_4=50_0^{+0.16}，A_5=5_{-0.048}^{0}，A_0=1_0^{+0.726}$$

9.4　用大数互换法解尺寸链

9.4.1　基本公式

封闭环的基本尺寸计算公式与式（9-1）相同。

1. 封闭环的公差

根据概率论关于独立随机变量合成规则，各组成环（独立随机变量）的标准偏差 σ_0 与封闭环的标准偏差的关系为

$$\sigma_0 = \sqrt{\sum_{i=1}^{m}\sigma_i^2} \tag{9-10}$$

　　如果组成环的实际尺寸都按正态分布，且分布范围与公差带宽度一致，分布中心与公差带中心重合（见图9-8），则封闭环的尺寸也按正态分布，各环公差与标准偏差的关系如下：

$$T_0 = 6\sigma_0$$
$$T_i = 6\sigma_i$$

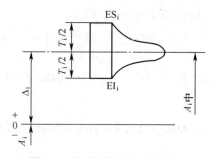

图 9-8　组成环按正太规律分布

将此关系代入式（9-10）得

$$T_0 = \sqrt{\sum_{i=1}^{m}T_i^2} \tag{9-11}$$

即封闭环的公差等于所有组成环公差的平方和开方。

当各组成环为不同于正态分布的其他分布时，应当引入一个相对分布系数 K，即

$$T_0 = \sqrt{\sum_{i=1}^{m} K_i^2 T_i^2}$$ (9-12)

不同形式的分布，K 的值也不同。如正态分布时，$K=1$；偏态分布时，$K=1.17$ 等。

2. 封闭环的中间偏差和极限偏差

由图 9-8 可知，中间偏差 $\triangle$ 为上偏差与下偏差的平均值，即

$$\Delta_0 = \frac{1}{2}(\mathrm{ES}_0 + \mathrm{EI}_0)$$ (9-13)

$$\Delta_i = \frac{1}{2}(\mathrm{ES}_i + \mathrm{EI}_i)$$ (9-14)

将式（9-2）与式（9-3）相加除以 2，可得封闭环的中间尺寸 $A_{0中}$：

$$A_{0中} = \sum_{i=1}^{n} A_{i中} - \sum_{i=n+1}^{m} A_{i中}$$ (9-15)

即封闭环的中间尺寸等于所有增环的中间尺寸之和减去所有减环中间尺寸之和。式（9-15）减去式（9-1）得到封闭环的中间偏差 Δ_0：

$$\Delta_0 = \sum_{i=1}^{n} \Delta_i - \sum_{i=n+1}^{m} \Delta_i$$ (9-16)

即封闭环的中间偏差等于所有增环的中间偏差之和减去所有减环的中间偏差之和。中间偏差、极限偏差和公差的关系如下：

$$\mathrm{ES} = \Delta + \frac{T}{2}$$ (9-17)

$$\mathrm{EI} = \Delta - \frac{T}{2}$$ (9-18)

式（9-13）～式（9-18）也可以用于完全互换法。

用大数互换法计算尺寸链的步骤与完全互换法相同，只是某些计算公式不同。

9.4.2　校核计算

例 9-4　用大数互换法解例 9-1。假设各组成环按正态分布，且分布范围与公差带宽度一致扩分布中心与公差带中心重合。

解　步骤（1）和（2）与例 9-1 相同。

（3）计算封闭环公差。

$$T_0 = \sqrt{\sum_{i=1}^{5} T_i^2} = \sqrt{0.13^2 + 0.075^2 + 0.16^2 + 0.04^2 + 0.075^2}\,\mathrm{mm}$$

$$\approx 0.235\mathrm{mm} < 0.35\mathrm{mm}，\text{符合要求。}$$

（4）计算封闭环的中间偏差。

因为　　　　　　　$\Delta_1 = -0.065\mathrm{mm}，\ \Delta_2 = \Delta_5 = -0.0375\mathrm{mm}，$

　　　　　　　　　$\Delta_3 = +0.10\mathrm{mm}，\ \Delta_4 = -0.02\mathrm{mm}；$

所以　　　　　　　$\Delta_0 = \Delta_3 - (\Delta_1 + \Delta_2 + \Delta_4 + \Delta_5)$

　　　　　　　　　$= +0.10\mathrm{mm} - (-0.065 - 0.0375 - 0.02 - 0.0375)\mathrm{mm} = +0.26\mathrm{mm}$

（5）计算封闭环的极限偏差。

$$ES_0 = \Delta_0 + \frac{T_0}{2} = +0.26\text{mm} + \frac{0.235}{2}\text{mm} \approx +0.378\text{mm}$$

$$EI_0 = \Delta_0 - \frac{T_0}{2} = +0.26\text{mm} - \frac{0.235}{2}\text{mm} \approx +0.143\text{mm}$$

校核结果表明，封闭环的上、下偏差满足间隙为 0.1～0.45mm 的要求。

与例 9-1 比较，在组成环公差一定的情况下，用大数互换法计算尺寸链，使封闭环公差范围更窄。

9.4.3 设计计算

用大数互换法解尺寸链的设计计算和完全互换法在目的、方法和步骤等方面基本相同。其目的仍是如何把封闭环的公差分配到各组成环上；其方法也有"等公差法"和"等精度法"，只是由于封闭环的公差 $T_0 = \sqrt{\sum_{i=1}^{m} T_i^2}$ ，所以在采用"等公差法"时，各组成环的公差为

$$T = \frac{T_0}{\sqrt{m}} \tag{9-19}$$

采用"等精度法"时，各组成环的公差等级系数为

$$a = \frac{T_0}{\sqrt{\sum_{i=1}^{m} i_i^2}} \tag{9-20}$$

例 9-5 用大数互换法中的"等精度法"解例 9-3。同样假设各组成环尺寸服从正态分布，且分布范围与公差带宽度一致，分布中心与公差带中心重合。

解：步骤（1）和（2）与例 9-3 同。

（3）计算各环的公差。

各组成环相同的公差等级系数

$$a = \frac{T_0}{\sqrt{\sum_{i=1}^{5} i_i^2}} = \frac{750\mu\text{m}}{\sqrt{2.52^2 + 0.73^2 + 2.17^2 + 1.56^2 + 0.73^2}\mu\text{m}} = 196$$

查表 9-1，可知 a=196 在 IT12～IT13 级之间。取 A_3 为 IT13 级，其余为 IT12 级，即

$$T_1 = 0.40\text{mm}, \quad T_2 = T_5 = 0.12\text{mm}$$
$$T_3 = 0.54\text{mm}, \quad T_4 = 0.25\text{mm}$$

校核封闭环的公差为

$$T_0 = \sqrt{0.40^2 + 0.12^2 + 0.54^2 + 0.25^2 + 0.12^2}\text{mm} \approx 0.737\text{mm} < 0.75\text{mm}$$

符合要求。故封闭环为 $1_0^{+0.737}$ mm。

（4）确定各组成环的极限偏差。

除把 A_4 作为调整环外，其余各环按"入体原则"确定极限偏差，即

$$A_1 = 140_{-0.40}^{0}\text{mm}, \quad A_2 = 5_{-0.12}^{0}\text{mm}$$
$$A_3 = 101_0^{+0.54}\text{mm}, \quad A_5 = 5_{-0.12}^{0}\text{mm}$$

各环的中间偏差为

$$\Delta_1 = -0.20\text{mm}, \quad \Delta_2 = \Delta_5 = -0.06\text{mm}$$
$$\Delta_3 = +0.27\text{mm}, \quad \Delta_0 = +0.369\text{mm}$$

因为 $\quad\quad \Delta_0 = (\Delta_3 + \Delta_4) - (\Delta_1 + \Delta_2 + \Delta_5)$

所以 $\quad\quad \Delta_4 = \Delta_0 + \Delta_1 + \Delta_2 + \Delta_5 - \Delta_3 = (0.369 - 0.20 - 0.06 - 0.06 - 0.27)\text{mm}$

$$= -0.221\text{mm}$$

$$\text{ES}_4 = \Delta_4 + \frac{T_4}{2} = -0.221\text{mm} + \frac{0.25}{2}\text{mm} = -0.096\text{mm}$$

$$\text{EI}_4 = \Delta_4 + \frac{T_4}{2} = -0.221\text{mm} - \frac{0.25}{2}\text{mm} = -0.346\text{mm}$$

所以 $\quad\quad\quad\quad\quad A_4 = 50^{-0.096}_{-0.346}\text{mm}$

最后结果为（单位均为 mm）

$$A_1 = 140^{0}_{-0.40}, \quad A_2 = A_5 = 5^{0}_{-0.12}$$
$$A_3 = 101^{+0.54}_{0}, \quad A_4 = 50^{-0.096}_{-0.346}$$

与例 9-3 比较，当封闭环的公差一定时，用大数互换法解尺寸链各组成环的公差等级可降低 1～2 级，降低了加工成本，而实际出现不合格件的可能性很小，可以获得明显的经济效益。

9.5 用其他方法解装配尺寸链

9.5.1 分组互换法

分组互换法是把组成环的公差扩大 N 倍，使之达到经济加工精度要求，然后按完工后零件实际尺寸分成 N 组，装配时根据"大配大、小配小"的原则，按对应组进行装配，以满足封闭环要求。

例如，设基本尺寸为 $\phi 18\text{mm}$ 的孔、轴配合间隙要求为 $x = 3 \sim 8\mu\text{m}$，这意味着封闭环的公差 $T_0 = 5\mu\text{m}$，若按完全互换法，则孔、轴的制造公差只能为 $2.5\mu\text{m}$。

若采用分组互换法，将孔、轴的制造公差扩大四倍，公差为 $10\mu\text{m}$，将完工后的孔、轴按实际尺寸分为四组，按对应组进行装配，各组的最大间隙均为 $8\mu\text{m}$，最小间隙为 $3\mu\text{m}$，故能满足要求（见图 9-9）。

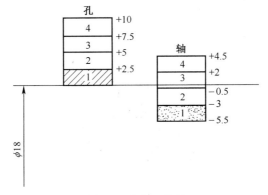

图 9-9　分组互换法

采用分组互换法给组成环分配公差时，为了保证装配后各组的配合性质一致，其增环公差值应等于减环公差值。

分组互换法的优点是既可扩大零件的制造公差，又能保证高的装配精度。其主要缺点是增加了检测费用；仅组内零件可以互换；由于零件尺寸分布不均匀，可能在某些组内剩下多余零件，造成浪费。

分组互换法一般宜用于大批量生产中的高精度、零件形状简单易测、环数少的尺寸链。另外，由于分组后零件的形状误差不会减少，这就限制了分组数，一般为 2～4 组。

9.5.2 修配法

修配法是根据零件加工的可能性，对各组成环规定经济可行的制造公差。装配时，通过修配方法改变尺寸链中预先规定的某组成环的尺寸（该环叫补偿环），以满足装配精度要求。

如图 9-4（a）所示，将 A_1、A_2 和 A_1 的公差放大到经济可行的程度，为保证主轴和尾架等高性的要求，选面积最小、重量最轻的尾架底座 A_3 为补偿环，装配时通过对 A_2 环的辅助加工（如铲、刮等）切除少量材料，以抵偿封闭环上产生的累积误差，直到满足 A_0 要求为止。

补偿环切莫选择各尺寸链的公共环，以免因修配而影响其他尺寸链的封闭环精度。

装配前，补偿环需预留修配余量 T_k，则

$$T_k = \sum_{i=1}^{m} T_i - T_0 \qquad\qquad (9\text{-}21)$$

式中，T_i 为按经济加工精度给定的各组成环的公差值。

修配法的优点也是既扩大了组成环的制造公差，又能得到较高的装配精度。主要缺点是增加了修配工作量和费用；修配后各组成环失去互换性；不易组织流水生产。

修配法常用于批量不大、环数较多、精度要求高的尺寸链。

9.5.3 调整法

调整法是将尺寸链各组成环按经济公差制造，由于组成环尺寸公差放大而使封闭环上产生的累积误差，可在装配时采用调整补偿环的尺寸或位置来补偿。

常用的补偿环可分为两种：

（1）固定补偿环。在尺寸链中选择一个合适的组成环作为补偿环（如垫片、垫圈或轴套等）。补偿环可根据需要按尺寸大小分为若干组。装配时，从合适的尺寸组中取一补偿环，装入尺寸链中预定的位置，使封闭环达到规定的技术要求。如图 9-10 所示，两固定补偿环用于使锥齿轮处于正确啮合位置。装配时，根据所测的实际间隙选择合适的调整垫片作补偿环，使间隙达到要求。

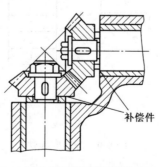

补偿件

图 9-10 固定补偿环

（2）可动补偿环。装配时调整可动补偿环的位置，以达到封闭环的精度要求。这种补偿环在机械设计中应用很广，结构形式很多，如机床中常用的镶条、调节螺旋副等。图 9-11 为用螺钉调整镶条位置以保证所需间隙。

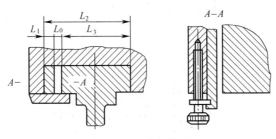

图 9-11　可动补偿环

调整法的主要优点是：加大组成环的制造公差，使制造容易，同时可得到很高的装配精度；装配时不需要修配；使用过程中可以调整补偿环的位置或更换补偿环，以恢复机器原有精度。它的主要缺点是有时需要额外增加尺寸链零件数（补偿环），使结构复杂，制造费用增高，降低结构的刚性。

调整法主要应用在封闭环精度要求高、组成环数目较多的尺寸链，尤其是对使用过程中，组成环的尺寸可能由于磨损、温度变化或受力变形等原因而产生较大变化的尺寸链，调整法具有独到的优越性。

调整法和修配法的精度在一定程度上取决于装配工人的技术水平。

实践与思考

1．什么叫尺寸链？它有何特点？

2．如何确定尺寸链的封闭环？能不能说尺寸链中未知的环就是封闭环？

3．计算尺寸链主要为解决哪几类问题？

4．完全互换法、大数互换法、分组法、调整法和修配法各有何特点？各适用于何种场合？

5．有一孔轴配合，装配前孔和轴均需镀铬，镀层厚度均为 $10\mu m \pm 2\mu m$，镀后应满足 $\phi 30H8/f7$ 的配合，问孔和轴在镀前尺寸应是多少？（用完全互换法）

6．如图 9-12 所示的曲轴部件，经调试运转，发现有的曲轴肩与轴承衬套端面有划伤现象。按设计要求 $A_0=0.1\sim0.2mm$，而 $A_1=150^{+0.018}_{0}$ mm，$A_2=A_3=75^{-0.02}_{-0.08}$ mm，试验算图样给定零件尺寸的极限偏差是否合理？

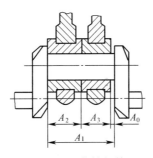

图 9-12　曲轴部件

7. 对例 9-1 的 A_1 和 A_3 尺寸作调整，使间隙为 0.1～0.45mm 的要求用极值法能得到满足。

8. 如图 9-13 所示为链轮部件及其支架，要求装配后轴间间距 A_0=0.2～0.5mm，试按大数互换法决定各零件有关尺寸的公差与极限偏差（设各组成环实际尺寸都按正态规律分布，且分布范围与公差带宽度一致，分布中心与公差带中心重合）。

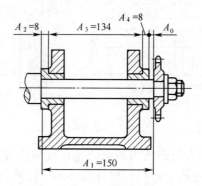

图 9-13　链轮部件及其支架

9. 图 9-14 为锥齿轮减速器装配图的一部分（小齿轮套环结构），轴承盖的左端与右轴承的右端面间应保证一定的轴向间隙。试找出该间隙和对该间隙有直接影响的全部尺寸连接成封闭的尺寸组，并画出尺寸链线图，判别封闭环、增环和减环。

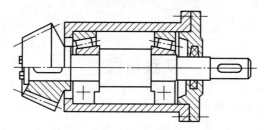

图 9-14　小齿轮套环结构